Bodo Rehfeldt

Lösungen

zum

Fachrechnen

Gestalter/Gestalterin
für visuelles Marketing

2018

Verlag Books on Demand

© 2018
Herstellung und Verlag:
BoD - Books on Demand, Norderstedt

ISBN 978-3-746-05974-7

1. Mathematische Grundlagen (Seite 11)

1.2.1. Addition (Seite 11)

1)	1.484	2)	994,25	3)	55,765 kg
4)	138,64 m²	5)	1.611,43 €	6)	10,35 l
7)	160,38 m²	8)	197,4 km	9)	2.312,60 €

1.2.2. Subtraktion (Seite 12)

1)	593	2)	133,8	3)	368,141
4)	74 kg	5)	1.453,78 €	6)	3,35 l

1.2.3. Multiplikation (Seiten 13 - 14)

1)	2.844	2)	43,416	3)	207,6
4)	-9,65	5)	49	6)	7,81 m²
7)	214,472	8)	453 kg	9)	96,53 €
10)	709,40 €	11)	≈ 394,63 €		

12) A: 909,76 €; B: 772,91 €   13) 60,93 €

14) a. = 212,80 m; b = 53,20 €

1.2.4 Division (Seiten 15 - 16)

1)	≈ 174,19	2)	≈ 32,69	3)	23,5
4)	-2,1	5)	53	6)	12,31
7)	4,30 €/kg	8)	5,80 m	9)	≈ 394,63 €
10)	2 m fehlen	11)	21 Fahnen; Rest: 1,70 m		
12)	2,9 Cent	13)	20 bis 21 Dekorationen		
14)	3 Mitarbeiter	15)	6 Mitarbeiter		

1.3.   Bruchrechnen (Seiten 19 - 20)

1) a. $= \dfrac{1}{2}$; b. $= \dfrac{3}{4}$; c. $= \dfrac{1}{2}$; d. $= \dfrac{1}{5}$; e. $= \dfrac{1}{2}$; f. $= \dfrac{3}{5}$

2) a. $= \dfrac{15}{35}$; b. $= \dfrac{36}{60}$; c. $= \dfrac{8}{56}$; d. $= \dfrac{27}{75}$; e. $= \dfrac{77}{84}$; f. $= \dfrac{56}{100}$

3) a. $= \dfrac{12}{24}$; b. $= \dfrac{18}{24}$; c. $= \dfrac{16}{24}$; d. $= \dfrac{20}{24}$; e. $= \dfrac{15}{24}$; f. $= \dfrac{2}{24}$

4) a. $= \dfrac{13}{2} = 1\dfrac{1}{12}$; b. $= \dfrac{15}{8} = 1\dfrac{7}{8}$; c. $= \dfrac{1}{12}$;

    d. $= \dfrac{3}{4}$; e. $= \dfrac{1}{3}$; f. $= \dfrac{1}{3}$

5) $\dfrac{47}{24} = 1\dfrac{23}{24}$ m²   6) $\dfrac{11}{12}$ m   7) $5\dfrac{3}{4}$ h

8) a. $= \dfrac{1}{3}$; b. $= \dfrac{10}{9} = 1\dfrac{1}{9}$; c. $= \dfrac{4}{3} = 1\dfrac{1}{3}$;

    d. $= \dfrac{10}{9} = 1\dfrac{1}{9}$; e. $= \dfrac{32}{15} = 2\dfrac{2}{15}$; f. $= \dfrac{1}{1} = 1$

9) a. = 16 Frauen;   b. = 14 Auswärtige;   c. = 3 Azubis

10) $\dfrac{3}{4}$ h   11) $\dfrac{7}{10}$ m = 0,70 m

12) 1.Lehrj. = 15 Azubis; 2.Lehrj. = 8 Azubis; 3.Lehrj. = 13 Azubis

13) $2\dfrac{3}{4}$ Stäbe

14) a. Am 2.Tag wurden $\dfrac{1}{60}$ mehr hergestellt.;   b. $= \dfrac{29}{60}$

15) $6\dfrac{3}{4}$ l

1.4.   Potenzieren und Radizieren (Seite 21)

1.4.1.   Potenzieren (Seite 21)

1)   a. = 27;   b. = 144;   c. = 2,89;   d. = 74,088;

e. = 4.096;   f. = dm³;   g. = 12,25 cm²;   h. = $\dfrac{9}{49}$

2)   1,5625 m²   3)   5.625 m²

1.4.2.   Radizieren (Seite 22)

1)   a. = 9; b. = 7; c. = 2,25; d. = 2,2; $e.$ = $2.80\ m$;
f = 2,5; g. = 10 cm; h. = 15,6; i. = 10; j. = 7; k. = 2,5

2)   26 cm   3) 2,2 m   4) 0,5 m

2.   Maßeinheiten (Seite 23)

Längeneinheiten (Seite 23)

1)	3,50 m	2)	150 cm	3)	2.370 mm
4)	1,15 km	5)	1,365 m	6)	430 mm
7)	169,5 cm				

Flächeneinheiten (Seite 24)

1)	2,5 m²	2)	700 dm²	3)	0,04575 m²
4)	63.400 cm²	5)	243,4 dm²	6)	2,5 cm²
7)	4,18 dm²				

Volumeneinheiten (Seite 25)

1)	3.500 l	2)	0,7 l	3)	2.880 cm³
4)	0,742 m³	5)	770.000 cm³	6)	0,002574 m³
7)	100.119.880 mm³				

Gewichtseinheiten (Seite 26)

1)	3,675 kg	2)	15.475 g	3)	0,75 g
4)	1.300 kg	5)	5.640 g	6)	2.000 g
7)	5,07 kg	8)	601,5 kg			

5

Zeiteinheiten (Seite 27)

1)	1,5 d	2)	7 h	3)	62,4 h
4)	315 min	5)	90 min	6)	1,25 h
7)	2 h 45 min				
8)	a. = 2 h 28 min 12 s		b. = 0 h 52 min 48 s		

3. Benutzung des Taschenrechners (Seite 31)

1)	3.985	2)	14,765 kg	3)	0,714 m²
4)	2,25	5)	1.860,867	6)	5,3
7)	256,88 €	8)	120,7628…	9)	1,234567877
10)	430,70 €	11)	113,50 €	12)	a. = 133,00 €
12)	b. = 47,74 €		b. = 12,06 €		

4. Dreisatz (Seiten 36 - 39)

1) 5,2 • 2,05 = 10,66 m² • 3 Platten = 31,98 m²

$$x = \frac{16,57 \cdot 31,98}{1} = 529,9086 \approx 529,91\ €$$

2) $x = \dfrac{7 \cdot 8}{7} = 8 - 7 = 1\ \text{Mitarbeiter zusätzlich}$

3) $x = \dfrac{20 \cdot 53}{70} = 15,142... \approx 16\ \text{Bahnen}$

4) $x = \dfrac{4,5 \cdot 7}{5} = 6,3\ h = 6\ h\ 18\ min$

5) $x = \dfrac{25 \cdot 53}{80} = 16,5626 \approx 17\ \text{Rollen}$

6) $x = \dfrac{9 \cdot 24}{18} = 12\ \text{Tage}$

7) $x = \dfrac{198,70 \cdot 11}{7} = 312,2428... \approx 312,24\ €$

6

8) a. $x = \dfrac{416,25 \bullet 7,5}{37,5} = 83,25$ €   9) 691,60 €

   b. $x = \dfrac{416,25 \bullet 168}{37,5} = 1.864,80$ €

10) a. $x = \dfrac{0,48 \bullet 17}{12} = 0,68$ m   b. $x = \dfrac{0,48 \bullet 17}{16} = 0,51$ m

11) $x = \dfrac{552 \bullet 11}{48} = 126,50$ €

12) $x = \dfrac{14 \bullet 6,25}{8,75} = 10$ Tage ;   14 – 10 = 4 Tage weniger

13) $x = \dfrac{12 \bullet 5\frac{1}{3}}{4} = 16$ Mitarbeiter ;   16 – 12 = 4 Mitarb. zusätzlich

14) $x = \dfrac{24 \bullet 18}{16} = 27$ Stufen

15) 18 h 20 min = 1.100 min; $x = \dfrac{1100 \bullet 12}{10} = 1.320$ min = 22 h

16) $x = \dfrac{30 \bullet 4}{3} = 40$ Tage ;   40 Tage noch statt der geplanten

   30 Tage, also 10 Tage Verlängerung.

17) $x = \dfrac{800 \bullet 4,5 \bullet 3}{2 \bullet 2} = 2.700$ g = 2,7 kg

18) $x = \dfrac{8 \bullet 200}{180} = 8,8888... $ h $\approx$ 8 h 53 min ; also rund 1 Überstunde

19) $x = \dfrac{2,4 \bullet 12 \bullet 10}{2,4 \bullet 2,4} = 50$ Artikel

20) $x = \dfrac{4 \bullet 20 \bullet 3}{15 \bullet 2} = 8$ Tage

21) $\quad x = \dfrac{960 \bullet 6 \bullet 6 \bullet 2}{5 \bullet 8 \bullet 3} = 576$ Personen

22) $\quad x = \dfrac{8 \bullet 3 \bullet 12}{2 \bullet 16} = 9\,h\,/\,tgl\,;$ also 1 Überstunde pro Tag u. Mitarb.

23) $\quad$ a. $x = \dfrac{6 \bullet 4}{4} = 6$ Mitarb. $\quad$ b. $x = \dfrac{6 \bullet 8}{4} = 12\,h/tgl.\,;\, \triangleq \underline{4\ \text{Ü-Std/tgl.}}$

24) $\quad x = \dfrac{30 \bullet 4}{20} = 6$ Mitarbeiter ; $\quad 6 - 4 = 2$ Mitarb. zusätzlich

25) $\quad x = \dfrac{6 \bullet 4}{4} = 6$ Mitarb. $\qquad$ 26) $x = \dfrac{6\,\text{Abt.} \bullet 12\,h \bullet 1\,\text{Ma}}{3\,d \bullet 8\,h} = 3$ Mitarb.

27) a. $\quad x = \dfrac{3\,\text{Ma} \bullet 4\,d \bullet 8\,h}{3\,d \bullet 9\,h} = 3{,}5555\ldots$ Mitarbeiter wären erforderlich.

$\quad$ b. $\quad x = \dfrac{8\,h \bullet 4\,d \bullet 3\,\text{Ma.}}{3\,d \bullet 4\,\text{Ma.}} = 8\ h;$ Der Termin kann gehalten werden.

28) $\quad$ Von 8:00 Uhr bis 14:00 Uhr sind 6 Stunden, Zeit für 30-Stunden-Auftrag zu erledigen. Die 3 Vollzeitkräfte (• 6 h) schaffen Arbeit für 18 Stunden. Bleibt ein Rest von 12 Stunden (30 – 18), der von **3 Teilzeitkräften** (12 h : 4 h) übernommen wird.

29) $\quad x = \dfrac{2\,h \bullet 132\,\text{Ba.} \bullet 4\,\text{Ma.}}{96\,\text{Ba.} \bullet 3\,\text{Ma.}} = 3{,}666\ldots\,h = 3\,h\ 40\,min$

5. Prozentrechnen (Seiten 40- 48)

5.1. Berechnen des Prozentwertes (Seiten 42 - 44)

1) $\quad W = \dfrac{G \bullet p}{100} = \dfrac{28{,}10 \bullet 82}{100} = 23{,}04\ \text{€}\,;\quad W = \dfrac{18{,}40 \bullet 82}{100} = 15{,}09\ \text{€}$

$\quad W = \dfrac{21{,}40 \bullet 82}{100} = 17{,}55\ \text{€}$

8

3) $W = \dfrac{6,25 \bullet 15}{100} = 0,9375 \quad 0,94 \text{ m}^2$

4) nach der Preiserhöhung: $\quad W = \dfrac{495 \bullet 110}{100} = 544,50 \ €$

   nach erneuter Preissenkung: $\quad W = \dfrac{544,50 \bullet 90}{100} = 490,05 \ €$

5) 100 % - 20 % - 21 % = 59 %; $\quad W = \dfrac{2150 \bullet 59}{100} = 1.268,50 \ €$

6) 14 m • 1,4 m = 19,6 m²: $\quad W = \dfrac{19,6 \bullet 5,5}{100} = 1,078 \text{ m}^2$

7) $W = \dfrac{25 \bullet 4}{100} = 1 \text{ Schüler}$

8) Angebot A:
   $W = \dfrac{1260 \bullet 84}{100} = 1.058,40 \ € \ ; \ W = \dfrac{1058,40 \bullet 98,5}{100} = 1.042,52 \ €$

   Angebot B: $\ W = \dfrac{1050 \bullet 97,5}{100} = 1.023,75 \ €$
   Angebot B ist um 18,77 € preisgünstiger.

9) Rabatt: $\quad W = \dfrac{330 \bullet 5}{100} = 16,50 \ €$

   MwSt. $\quad$ 330 - 16,50 = 313,50 €;
   $W = \dfrac{313,50 \bullet 19}{100} = 59,57 \ €$
   Rechnung: 313,50 € + 59,57 € = 373,07 €
   Skonto: $\quad W = \dfrac{373,07 \bullet 1,5}{100} = 5,60 \ €$
   zu zahlen: $\quad$ 373,07 € - 5,60 € = 367,47 €

10) $p = \dfrac{0,27 \bullet 100}{1,80} = 15 \ \%$ $\qquad$ 11) $\ W = \dfrac{1904,00 \bullet 98}{100} = 1.865,92 \ €$

9

12)   Fernsehen u. Rundfunk: $W = \dfrac{350000 \cdot 57}{100} = 199.500,00 \ \text{€}$

     Anzeigenwerbung: $W = \dfrac{350000 \cdot 57}{100} = 38.500,00 \ \text{€}$

     Plakatwerbung: $W = \dfrac{350000 \cdot 13}{100} = 45.500,00 \ \text{€}$

     Fahrzeugwerbung: $W = \dfrac{350000 \cdot 4}{100} = 14.000,00 \ \text{€}$

     Messe u. Ausstellungen: $W = \dfrac{350000 \cdot 15}{100} = 52.500,00 \ \text{€}$

13)   Eine Erhöhung **um** 360 % = Erhöhung **auf** 460 %.
       460 % von 70 Stück = 322 Stück

5.2.   Berechnen des Prozentsatzes (Seiten 45 - 46)

1) $p = \dfrac{W \cdot 100}{G} = \dfrac{36 \cdot 100}{480} = 7,5 \ \%$ 2) $p = \dfrac{0,4 \cdot 100}{20} = 2 \ \%$

3) $p = \dfrac{164 \cdot 100}{380} \approx 43,2 \ \%$

4) $p = \dfrac{2520 \cdot 100}{7200} = 35 \ \%$ 5) $p = \dfrac{156,25 \cdot 100}{1250} = 12,5 \ \%$

6) $p = \dfrac{54 \cdot 100}{360} = 15 \ \%$ 7) $p = \dfrac{29429,40 \cdot 100}{64680} = 45,5 \ \%$

8) $p = \dfrac{3125 \cdot 1000}{1250000} = 2,5 \ \permil$

9) $6.335,50 - 5.828,66 = 506,84 \ \text{€}$

     $p = \dfrac{506,84 \cdot 100}{6.338,59} = 7,996... \approx 8,0 \ \%$

10) $(2.000 + 2.500 + 3.500 + 4.000) : 4 = 3.000$ Besucher

$$p = \frac{3000 \cdot 100}{2000} = 150\,\% \ ;$$

Steigerung auf 150 % bedeutet Steigerung **um** 50 %.

11) $9,36\,€ - 7,20\,€ = 2,16\,€$ Preiserhöhung

$$p = \frac{2,16 \cdot 100}{7,20} = 30,0\,\%$$

12) $(12 + 9 + 8 + 7) = 36$ Stück

$$p = \frac{36 \cdot 100}{6} = 600\,\%$$

Steigerung auf 600 % bedeutet Steigerung **um** 500 %.

5.3. Berechnen des Grundwertes (Seiten 47 - 48)

1) a. $G = \dfrac{W \cdot 100}{p} = \dfrac{22,14 \cdot 100}{2} = 1.107,00\,€$

 b. $G = \dfrac{127,11 \cdot 100}{3} = 4.237,00\,€$

2) a. $G = \dfrac{1298 \cdot 100}{40} = 3.245,00\,€$

 b. $1.947,00\,€ : 5 = 389,40\,€/\text{Rate}$

3) $G = \dfrac{13,05 \cdot 100}{15} = 87\,m^2\ ;\quad 87\,m^2 : 5,8\,m^2 = 15$ Platten

4) $G = \dfrac{121,53 \cdot 100}{3} = 4.051,00\,€$

5) $G = \dfrac{2 \cdot 100}{14,3} = 14$ Beschäftigte

6) a. $G = \dfrac{680 \cdot 100}{85} = 800,00\,€$ b. $800\,€ - 680\,€ = 120\,€$

7) $G = \dfrac{12,60 \cdot 100}{1,5} = 840,00\,€$

11

8) nach Skonto: $G = \dfrac{930,63 \cdot 100}{98} \approx 949,62\ €$

nach MwSt.: $G = \dfrac{949,62 \cdot 100}{119} = 798,00\ €$

nach Rabatt: $G = \dfrac{798 \cdot 100}{95} = 840,00\ €$

840,00 € : 16,80 € = 50 Rollen

9) $G = \dfrac{412,50 \cdot 1000}{2,5} = 165.000,00\ €$

10) $G = \dfrac{178,50 \cdot 100}{119} = 150,00\ €\ ;\quad 178,50\ € - 150,00\ € = 28,50\ €$

11) $G = \dfrac{187,44 \cdot 100}{88} = 213,00\ €$

12) $G = \dfrac{1.702,20 \cdot 100}{112} = 1.519,82\ €$

13) $G = \dfrac{1.548,00 \cdot 100}{86} = 1.800,00\ €$

6. Zinsrechnung (Seite 50)

1) a. $Z = \dfrac{K \cdot p \cdot t}{100} = \dfrac{400 \cdot 5 \cdot 1}{100} = 20,00\ €$

b. $Z = \dfrac{1450 \cdot 7 \cdot 1}{100} = 101,50\ €$ c. $Z = \dfrac{864 \cdot 3 \cdot 1}{100} = 25,92\ €$

2) a. $Z = \dfrac{750 \cdot 6 \cdot 0,5}{100} = 22,50\ €$

b. $Z = \dfrac{2250 \cdot 4 \cdot 0,5}{100} = 45,00\ €$

c. $Z = \dfrac{980 \cdot 6,5 \cdot 0,5}{100} = 31,85\ €$

3) $Z = \dfrac{800 \cdot 3,5 \cdot 6}{100} = 168,00 \ \euro$

4) $Z = \dfrac{1450 \cdot 4,5 \cdot 3,5}{100} \approx 228,38 \ \euro$

5) $Z = \dfrac{18700 \cdot 10,2 \cdot 5,5}{100} = 10.490,70 \ \euro$

6.1. Berechnen der Zinslaufzeit (Seite 51)

1) a. 33 Tage   b. 49 Tage   c. 108 Tage
   d. 144 Tage   e. 82 Tage   f. 15 Tage
   g. 65 Tage   h. 77 Tage

2) 577 Tage

3) a. 137 Tage   b. 2.119 Tage   c. 1.348 Tage

6.2. Berechnen der Zinsen (Seiten 52 - 53)

1) a. $Z = \dfrac{385 \cdot 4 \cdot 70}{100 \cdot 360} \approx 2,99 \ \euro$ b. $Z = \dfrac{1532 \cdot 5 \cdot 95}{100 \cdot 360} \approx 20,21 \ \euro$

   c. $Z = \dfrac{1450 \cdot 6 \cdot 74}{100 \cdot 360} \approx 17,88 \ \euro$ d. $Z = \dfrac{2188 \cdot 7 \cdot 38}{100 \cdot 360} \approx 16,17 \ \euro$

2) $Z = \dfrac{465 \cdot 3,5 \cdot 107}{100 \cdot 360} \approx 4,84 \ \euro$

3) a. 130 Tage; $Z = \dfrac{2475 \cdot 4,5 \cdot 130}{100 \cdot 360} \approx 40,22 \ \euro$

   b. 896 Tage; $Z = \dfrac{1876 \cdot 5,75 \cdot 896}{100 \cdot 360} \approx 268,48 \ \euro$

4) a. 1.750 € - 400 € = 1.350 € Kredit;
   $Z = \dfrac{1350 \cdot 6,5 \cdot 18}{100 \cdot 12} \approx 131,63 \ \euro$;
   (1.350,00 € + 131,63 €) : 18 Monate = 82,31 €/mtl. Rate
   b. 1.481,63 € + 400,00 € Anzahlung = 1.881,63 €

13

5) a. 199 Tage; $Z = \dfrac{580 \bullet 6,5 \bullet 199}{100 \bullet 360} \approx 20,84 \ €$

 b. 580,00 € + 20,84 € = 600,84 €

6) $t = \dfrac{59,74 \bullet 100 \bullet 360}{4345 \bullet 5,5} = 90 \ \text{Tage}$

7) 290 Tage; $Z = \dfrac{25000 \bullet 7,5 \bullet 290}{100 \bullet 360} \approx 1.510,42 \ €$

 25.000,00 € + 1.510,42 € = 26.510,42 €

8) $Z = \dfrac{18000 \bullet 6,5 \bullet 8}{100 \bullet 12} = 780,00 \ € \ \text{Zinsen} \ ;$

 18000 € Kredit + 780 € Zinsen = 18.780,00 € Rückzahlung

6.3. Berechnen Kapital, Zinssatz, Zeit (Seiten 54 - 55)

1) $K = \dfrac{Z \bullet 100 \bullet 360}{p \bullet t} = \dfrac{7,00 \bullet 100 \bullet 360}{6 \bullet 50} = 840,00 \ €$

2) $K = \dfrac{68,40 \bullet 100 \bullet 12}{7,2 \bullet 3} = 3.800,00 \ €$

3) $K = \dfrac{75 \bullet 100 \bullet 360}{6 \bullet 90} = 5.000,00 \ € \ ; \ 5.000 \ € + 75 \ € = 5.075,00 \ €$

4) $Z = \dfrac{1500 \bullet 7,5 \bullet 100}{100 \bullet 360} = 31,25 \ € \ ; \quad K = \dfrac{62,50 \bullet 100 \bullet 12}{5 \bullet 6} = 2.500 \ €$

5) $p = \dfrac{Z \bullet 100 \bullet 360}{K \bullet t} = \dfrac{3,60 \bullet 100 \bullet 360}{540 \bullet 40} = 6 \ \%$

6) $p = \dfrac{1 \bullet 100 \bullet 360}{5 \bullet 1} = 7.200 \ \%$

7) $p = \dfrac{225 \bullet 100 \bullet 360}{2400 \bullet 450} = 7,5 \ \%$

14

8)   40 % von 48.500 € = 19.400 € Kredit; 207 Tage;

20.292,40 - 19.400 = 892,40 €;

$$p = \frac{892,40 \cdot 100 \cdot 360}{19400 \cdot 207} = 8\ \%$$

9) $t = \dfrac{Z \cdot 100 \cdot 360}{K \cdot p} = \dfrac{1,68 \cdot 100 \cdot 360}{240 \cdot 6} = 42\ \text{Tage}$

10) $t = \dfrac{182,75 \cdot 100 \cdot 360}{3400 \cdot 4,5} = 430\ \text{Tage}$

11) $t = \dfrac{620 \cdot 100 \cdot 360}{12400 \cdot 6} = 300\ \text{Tage}$; Rückzahlung am 1.Januar

12) $t = \dfrac{3,20 \cdot 100 \cdot 360}{800 \cdot 3,6} = 40\ \text{Tage}$; Rückzahlung am 5.April

13) $p = \dfrac{325 \cdot 100 \cdot 12}{10400 \cdot 5} = 7,5\ \%$

14)   193,50 € - 172 € = 21,50 € (= 1%)

$$K = \frac{21,50 \cdot 100 \cdot 360}{1 \cdot 180} = 4.300,00\ €$$

15) $t = \dfrac{768,75 \cdot 100 \cdot 360}{45000 \cdot 7,5} = 82\ \text{Tage}$; Rückzahlung am 22.11.

15

7. Mischungsrechnen (Seiten **57 - 58**)

1) a. $(1 \cdot 2,12 + 1 \cdot 1,14) : 2 = 1,63 \ €/kg$

    b. $(2 \cdot 0,74 + 2 \cdot 0,46) : 4 = 0,60 \ €/kg$

    c. $(2 \cdot 1,50 + 2 \cdot 3,20) : 4 = 2,35 \ €/kg$

    d. $(2 \cdot 0,72 + 1 \cdot 3,15) : 3 = 1,53 \ €/kg$

2) a. $(1 \cdot 3,37 + 9 \cdot 10,37) : 10 = 9,67 \ €/kg$

    b. $(6 \cdot 1,12 + 4 \cdot 6,42) : 10 = 3,24 \ €/kg$

    c. $(0,7 \cdot 8,75 + 1,8 \cdot 2,25) : 2,5 = 4,07 \ €/kg$

    d. $(0,75 \cdot 1,16 + 0,25 \cdot 2,80) : 1 = 1,57 \ €/kg$

3)
Komponente A	$2,70 - 4,50 = (-)1,80$; 1	3 kg
Mischungspreis:	4,50	
Komponente B	$9,90 - 4,50 = 5,40$; 3	1 kg

4) a. $(0,8 \cdot 3,5 + 2,8 \cdot 9,90) = 20,16 \ €$

    b. $20,16 \ € : 3,6 \ kg = 5,60 \ €/kg$

5)
Farbe A	$2,40 - 6,00 = (-)3,60$; 1,2	1 kg
Mischungspreis:	6,00	
Farbe B	$9,00 - 6,00 = 3,00$; 1	1,2 kg

6) $(1,5 \cdot 2,75 + 4 \cdot 71,50) : 5,5 = 52,75 \ €/kg$

7)a.
$$15 \ l : 0,75 \ l \cdot 9,90 \ € = 198,00 \ €$$
$$0,8 \ l : 0,25 \ l \cdot 8,40 \ € = 26,88 \ €$$
$$1,5 \ l : 0,75 \ l \cdot 12,10 \ € = 24,20 \ €$$
$$\underline{1,2 \ l \qquad\qquad \cdot 4,90 \ € = 5,88 \ €}$$
$$18,5 \ l \qquad\qquad\qquad 254,96 \ €$$

    b. $254,96 \ € : 18,5 \ l \approx 13,78 \ €/l$

8)
Farbe A	$2,70 - 6,00 = (-)3,30$; 1,1	1 kg
Mischungspreis:	6,00	
Farbe B	$9,00 - 6,00 = 3,00$; 1	1,1 kg

16

9) a. 3,62 €   b.   36,23 €   c)   689,13 €

    d. 695,56 €

10) Farbe zu 3,20 €/kg   3,20 – 6,40 = (-)3,20 ; 1   1,75 kg
     Mischungspreis: 6,40
     Farbe zu 12,- €/kg   12,00 - 6,40 = 5,60 ; 1,75   1 kg

11) a. (5 • 3,80 + 2 • 2,40) = 23,80 €

     b. 23,80 € : 7 kg = 3,40 €/kg

8.   Verteilungsrechnen (Seite 60 - 61)

1) A = 7,56 €;   B = 19,57 €;   C = 27,22 €;
    D = 39,73 €

2) A = 230,00 €;   B = 402,50 €;   C = 517,50 €;
    D = 632,50 €

3) K = 17,5 kg;   L = 21 kg;   M = 14 kg

4) A = 4.987,29 €   B = 4.440,68 €   C = 2.572,03 €

5) A = 669,92 €;   B = 1.117,77 €;   C = 754,22 €;
    D = 1.005,62 €;   E = 652,47 €

6) 1.Lj. = 180,- €;   2.Lj. = 200,- €;   3.Lj. = 220,- €

7) A = 4.000,- € + 24.000,- € = 28.000,- €
    B = 3.200,- € + 24.000,- € = 27.200,- €
    C = 1.800,- € + 24.000,- € = 25.800,- €

9.   Durchschnittsrechnen (Seiten 62 - 63)

1) 18,5 Jahre   2) Klassendurchschnitt: 2,9

3) 274,08 €   4) $\dfrac{2 \bullet 82 + 62 + 52 + 69}{5} = 69,4$

5) $\dfrac{98 + 90 + 91}{3} = 93$; danach folgt $\dfrac{93 + 97}{2} = 95$

6) $\dfrac{58,80 + 67,30 + 71,00}{3} = 65,70$ €

17

10. Anzeigenpreisberechnung (Seiten 65 - 69)

1) 778,00 € - 10 % = 700,20 €;   700,20 € + 279,00 € = 979,20 €;
   979,20 € • 5 = 4.896,00 € (netto)

2) 135 mm • 4 Spalten = 540 mm;   540 mm • 3,- € = 1.620,- €;
   1.620,- € • 8 Schaltg. = 12.960,- € (netto)

3) 948,- € + 10 % (Platzierung) = 1.042,80 €;
   1.042,80 € • 3 Schaltg. = 3.128,40 €;
   3.128,40 € - 5 % (Malstaffelrabatt) = 2.971,98 €

4) 120 mm • 4 Spalten = 480 mm;   480 mm • 5,45 € = 2.616,00 €
   487 mm • 1 Spalte = 487 mm: 487 mm • 3,85 € = 1.874,95 €
   60 mm • 2 Spalten = 120 mm;   120 mm • 13,95 € = 1.674,00 €
                         gleiche Anzeige = 1.674,00 €
   100 mm • 6 Spalten = 600 mm;   600 mm • 13.95 € = <u>8.370,00 €</u>
                                              16.208,95 €

$$\text{minus 4 \% Rabatt} = \frac{16208,95 \bullet 96}{100} = 15.560,59 \ €$$

$$\text{plus 19 \% MwSt.} = \frac{15560,59 \bullet 1,19}{100} = 18.517,10 \ €$$

$$\text{minus 2 \% Skonto} = \frac{18517,10 \bullet 98}{100} = 18.146,76 \ €$$

5) 284 mm • 5 Spalten = 1.420 mm • 4,70 € = 6.674,00 €

$$\text{Höhe der verkleinerten Anzeige} = \frac{284 \bullet 3}{5} = 170,4 \ mm$$

   170,4 mm • 3 Spalten = 511,2 mm • 4,70 € = 2.402,64 €
   Einsparung: 6.674,00 € - 2.402,64 € = 4.271,36 €

6) a. $\text{Tausenderpreis} = \dfrac{5580 \bullet 1000}{80000} = 69,75 \ €$

   b. sw-Anzeige: 5.580,00 €
       farbige Anzeige: 5.580,00 € • 1,28 = <u>7.142,40 €</u>
                                               12.722,40 €

$$\text{Eta tan teil} = \frac{100 \bullet 12722,40}{55000} = 23,1316... \approx 23,1 \%$$

18

7) Spaltenbreite: (385 mm - 5 • 5 mm) : 6 = 60 mm/Sp.

    a.   190 mm : 60 mm = 3 Spalten
          110 mm • 3 Sp. = 330 mm • 1,80 €   = 792,00 €
           75 mm • 3 Sp. = 225 mm • 1,80 €   = 540,00 €
    b.   Anz.-Höhe: (545 mm - 5 mm) : 2 = 270 mm
          270 mm • 3 Sp. = 810 mm • 1,16 €   = 939,60 €
    c.   545 mm • 1 Sp. = 545 mm • 1,38 €   = <u>752,10 €</u>
                                insgesamt: 3.023,70 €
                                inkl. MwSt: 3.598,20 €

8) 300 mm • 3 Sp. • 4,96 € = 4.464,00 € • 1 Anz. = 4.464,00 €
   150 mm • 4 Sp. • 2,59 € = 1.554,00 € • 3 Anz. = 4.662,00 €
   487 mm • 3 Sp. • 0,93 € = 1.358,73 € • 1 Anz. = 1.358,73 €
   487 mm • 3 Sp. • 3,18 € = 4.645,98 € • 1 Anz. = <u>4.645,98 €</u>
                                insgesamt: 15.130,71 €

9) 120 mm • 3 Sp. • 2,90 € = 1.044,00 € - 10 % = 939,60 €
   939,60 € + 640,00 € (Farbe) + 300,00 € (3.U) = 1.879,60 €
   1.879,60 € • 12 Schaltungen = 22.555,00 €

10) a.   665,00 € - 15 % (Malstaffel) = 565,25 € • 12 = 6.783,00 €
          6.783,00 € - 2 % Skonto = 6.647,34 €
    b.   6.579,51 € statt 6.647,34 €; Einsparung: 67,83 €
    c.   Ihr Kunde zahlt 4.112,19 €, der Großhandel 2.467,32 €.

11) Antwort d ist richtig.

12) Anzeige A: Höhe = 430 mm • 3/5 = 258 mm
     258 mm • 3 Sp. • 3,10 € = **2.399,40 € (netto)**

     Anzeige B: Höhe = 430 mm • 2/5 = 172 mm
     172 mm • 5 Sp. • 3,10 € = **2.666,00 € (netto)**

13) a.   430 mm • 3 Sp. • 4,18 € = **5.392,20 €**

    b. $\dfrac{92,50 \bullet 92.325}{1.000} = \mathbf{8.540,06\ €}$

11. Rechnen mit Maßstäben (Seiten 71 - 72)

1) a. 48 cm b. 19,2 cm c. 9,6 cm
d. 4,8 cm

2) a. 106,5 cm b. 213 cm d. 532,5 cm
d. 1.065 cm = 10,65 m

3) 30 cm 4) 31 cm x 19,5 cm x 13 cm

5) 2,92 m x 4,96 m 6) 36 cm x 15 cm 7) M 1 : 20

8) Lösung b = Maßstab 12 : 1

9) Lösung c = 29,2 cm

10) I) 1 m Originalmaß $\triangleq$ 0,02 m in der Zeichnung = 1 : 50
II) 1 m Originalmaß $\triangleq$ 0,04 m in der Zeichnung = 1 : 25
III) 1 m Originalmaß $\triangleq$ 0,10 m in der Zeichnung = 1 : 10
IV) 1 m Originalmaß $\triangleq$ 0,05 m in der Zeichnung = 1 : 20
V) 1 m Originalmaß $\triangleq$ 0,20 m in der Zeichnung = 1 : 5

11) a. Schauf.-Breite = **4,00 m**; b. Schauf.-Höhe = **2,60 m**
c. Schauf.-Tiefe = **1,85 m**

12) Breite des Streifens = 240 mm • 20 = **4,80 m**
Höhe des Streifens = 140 mm • 20 • 1/8 = **0,35 m**

12. Nutzenberechnung (Seiten 74 - 75)

1) Karton: 96 x 128 96 x 128
Nutzen: 25 x 31 31 x 25
  3 x 4 = 12 3 x 5 =15
mögl. Reste: 4 x 96 3 x 128
Beide Reste sind nicht mehr verwertbar; deshalb 15 Nutzen.

2) MDF-Pl.: 122 x 172 122 x 172
Nutzen: 28 x 44 44 x 28
  4 x 3 = 12 2 x 6 =12
mögl. Reste: 122 x 40 (+ 2 Nu.) 34 x 172 (+ 3 Nutzen)
insgesamt: 14 Nutzen bzw. 15 Nutzen

60 Elemente : 15 Nutzen/Platte = 4 Platten sind erforderlich.

20

3) Hochformat: 12 + 2 (aus Reststreifen) = 14 Nutzen
Querformat: 12 (Reststreifen nicht verwertbar) = 12 Nutzen
1.000 Preisschilder : 14 Nutzen/Karton = 71,42. ≈ 72 Kartons

4) Hochformat: 25 + 4 (aus Reststreifen) = 29 Nutzen
Querformat: 28 (Reststreifen nicht verwertbar) = 28 Nutzen
2.500 Aufkl.: 29 Nutzen/Folie = 86,2... ≈ 87 Folien

5) Hochformat: 12 (Reststreifen nicht verwertbar) = 12 Nutzen
Querformat: 10 + 4 (aus Reststreifen) = 14 Nutzen
Platte = 70 x 100 = 7.000 cm²;
14 Nutz. = 19 x 24 x 14 = 6.384 cm²; Verschnitt = 616 cm²

6) Hochformat: 4 (Reststreifen nicht verwertbar) = 4 Nutzen
Querformat: 3 + 2 (aus Reststreifen) = 5 Nutzen
50 Bogen x 5 Plakate = 250 Plakate
Platte = 70 x 100 = 7.000 cm²;
5 Plakate = 30 x 37 x 5 = 5.550 cm²;
Verschnitt = 1.450 cm² ≈ 20,7 %

7) Hochformat: 4 (Reststreifen nicht verwertbar) = 4 Nutzen
Querformat: 3 + 2 (aus Reststreifen) = 5 Nutzen
50 Plakate : 5 Nutzen/Karton = 10 Kartons

8) Hochformat: 8 (Reststreifen nicht verwertbar) = 8 Nutzen
Querformat: 6 (Reststreifen nicht verwertbar) = 6 Nutzen
a. 30 Elemente : 8 Nutzen/Platte = 3,75 ≈ 4 Holzplatten
b. Platte: 2,5 m x 1,7 m = 4,25 m² x 4 Platten = 17 m²;
30 Elemente: 0,62 m x 0,82 m x 30 = 15,252 m²;
Verschnitt = 1,748 m² = 10,28... ≈ 10,3 %

9) Hochformat: 9 (Reststreifen nicht verwertbar) = 9 Nutzen
Querformat: 8 (Reststreifen nicht verwertbar) = 8 Nutzen

10) Hochformat: 9 + 2 (aus Reststreifen) = 11 Nutzen
Querformat: 10 (Reststreifen nicht verwertbar) = 10 Nutzen
60 Plakate : 11 Nutzen/Bogen = 5,45... ≈ 6 Bogen

11) Hochformat: 4 (Reststreifen nicht verwertbar) = 4 Nutzen
Querformat: 3 + 2 (aus Reststreifen) = 5 Nutzen
a. 80 Plakate : 5 Nutzen/Bogen = 16 Bogen
b. Bogen: 115 cm x 150 cm = 17.250 cm²;
5 Plakate: 42 cm x 59,4 cm = 12.474 cm²;
Verschnitt = 4.776 cm² = 27,686... ≈ 27,7 %

12) Hochformat: 3 (Reststreifen nicht verwertbar)   = 3 Nutzen
    Querformat: 2 (Reststreifen nicht verwertbar)   = 2 Nutzen
    a. 25 Elemente : 3 Nutzen/Platte = 8,33... ≈ 9 Holzplatten
    b. Platte: 2,44 m x 1,22 m x 9 Platten = 26,7912 m²;
       25 Elemente: 0,80 m x 1 m x 25 = 20 m²;
       Verschnitt = 6,7912 m² = 25,3486... ≈ 25,3 %
    c. Kosten (netto) einer Platte = 5,63 €
       Gesamtkosten   = 50,67 €

13. Goldener Schnitt (Seiten 78 - 79)

1) a. 0,60 m + 0,96 m   b. 1,05 m + 1,68 m
   c. 2,68 m + 4,28 m

2) Höhe: 3,52 m   3) Höhe: 2,32 m

4) 1,30 m + 2,08 m   5) a. Major: 24 cmb.   Minor: 20 cm

6) Major: 2,00 m + Minor: 1,25 m   7)Minor: 90 cm

8) 2,70 m - 2,53 m (Minor) = 0,17 m werden Höhe abgeschnitten.

9) Minor: 3,50 m + Major: 5,60 m

10) Minor = $\dfrac{260}{13}$ • 5 = 100 cm ; Major = $\dfrac{260}{13}$ • 8 = 160 cm

   Vorder- u. Rückseite: 1m • 1,60 m • 2 = 3,20 m²
   2 Seitenteile: 1m • 0,80 m • 2 = 1,60 m²
   Deckfläche: 1,60 m • 0,80 m = <u>1,28 m²</u>
                           insgesamt = <u>6,08 m²</u>

14. Reproduktionsberechnung (Seite 82)

1) 340 cm x 238 cm

2) 50,4 cm x 35,7 cm

3) Höhe: 78 cm

4) 64,8 cm x 100,8 cm = 6.531,84 cm² = 0,653184 m²
   0,653184 m² • 22,40 € = 14,63 €

Wegfall und Ergänzen (Seite 84)

1) a. Breite: 66 cm   b.   27,5 : 1 bzw. auf 2.750 %

2) a. Vorlage: 6 cm x 9 cm;
       erforderliches Maß: 150 cm x 180 cm
       Repro 1: 150 cm x 225 cm; Höhe wird um 45 cm gekürzt.
       Repro 2: 120 cm x 180 cm; (Breitenergänzung notwendig)
    b. 45 cm x 150 cm = 6.750 cm²
    c. 20 %

3) Vorlage: 40 cm x 27 cm; erforderliches Maß: 420 cm x 219 cm
    Repro 1: 420 cm x 283,5 cm; Höhe wird um 64,5 cm gekürzt.
    Repro 2: 324,4 cm x 219 cm; (Breitenergänzg. wäre notwendig)

4) Vorlage: 9 cm x 6 cm; erforderliches Maß: 600 cm x 360 cm
    Repro 1: 600 cm x 400 cm;   (Repro ist zu hoch.)
    Repro 2: 540 cm x 360 cm;   60 cm ist das Fenster breiter.

5) Vorlage: 36 cm x 25 cm; erforderliches Maß: 135 cm x 105 cm
    Repro 1: 135 cm x 93,75 cm;
    Repro 2: 151,2 cm x 105 cm; Breite wird um 16,2 cm gekürzt.

6) Vorlage: 126 mm x 174 mm;
    erforderliches Repro-Maß: 42 cm x 59,4 cm
    Vorlage 1: 126 mm x 178,6 mm;
    Vorlage 2: 123 mm x 174 mm; 3 mm Breite fallen weg.

15. **Flächen** (Seiten 86 - 118)

15.1. **Rechteck** (Seiten 86 - 89)

1) $A = 10,5$ m²   2) $A = 5.928$ m²; $u = 332$ m

3) 12,40 m x 18,50 m = 229,4 m²
   8,40 m x 14,50 m = 121,8 m²
229,4 m² - 121,8 m² = 107,6 m² Wegfläche
107,6 m² • 0,35 l = 37,66 l Farbe

4) $A = 11,75$ m² • 2 = 23,5 m²

5) 8,40 m • 2,80 m = 23,52 m²;
1,10 m • 2,45 m = 2,695 m²; 23,52 m² - 2,695 m² = 20,825 m²

6) (2,60 m + 5,80 m + 2,60 m) • 3 m = 33 m²;
Rolle: 20 m • 0,75 m = 15 m²;
33 m² : 15 m² = 2,2 Rollen ≈ 3 Rollen • 25,80 € = 77,40 €

7) $A = 6,00$ x 2,00 = 12,00 m²; u = (6,0 + 2,0) • 2 = 16,00 m

8) $A = 5,25$ x 4,85 = 25,4625 m² ≈ 25,46 m²;
u = (5,25 + 4,85) • 2 = 20,20 m

9) $A = 3,75$ x 2,52 = 9,45 m² • 3 Schilder = 28,35 m²
u = (3,75 + 2,52) • 2 = 12,54 m • 3 Sch. = 37,52 m
     37,52 m + 5 % = 39,501 ≈ 39,5 m

10) 22.26 m² : 5,30 m = 4,20 m
Sockelleiste: (5,30 + 4,20) • 2 = 19 m - 1,10 m = 17,90 m

11) 20 x 15 + 7,5 x 10 = 375 m² • 124 € = 46.500 €

12) Schaufenster: 14,7 m²; Kunstdruck = 750 cm² = 0,075 m²
14.7 : 0,075 = 196-facher Flächeninhalt

13) 8,25 m² : 1,50 m = 5,50 m;
u = (1,5 + 5,5) • 2 = 14 m • 3 Banner = 42 m Kettelnaht

14) $A = 28$ x 1,5 = 42 m²; 150 m² : 42 m² = 3,57... ≈ 3mal

15) 60 x 60 = 3.600 cm²; 15 x 40 = 600 • 2 = 1.200 cm²
3.600 - 1.200 = 2.400 cm²

16) 1,25 m x 2,5 m = 3,125 m² • 25 Platten = 78,125 m²
78,125 m² • 18,70 €/m² = 1.460,94 € - 12 % Rabatt
= 1.285,63 € + 19 % MwSt.
= 1.529,90 € - 2,5 % Skonto = 1.491,65 €

17) $u = (7,50 + 9,00) \cdot 2 = 33$ m

18) $0,58 \times 0,83 \cdot 2$ Seiten $\cdot 25$ Aufsteller $= 24,07$ m²

19) a. $(0,97 \times 0,1 + 0,78 \times 0,1) \cdot 2 \cdot 3$ Rahmen $= 1,05$ m²
    b. $1,05$ m² $\cdot 20,70$ € $= 21,735$ € $\approx 21,74$ €

20) Lagerhalle: Breite $= 4 \cdot 1,10 + 3 \cdot 2,50 = 11,90$ m
    Länge $= 4 \cdot 1,10 + 3 \cdot 4,80 = 18,80$ m
    $11,90 \times 18,80 = 223,72$ m²
    Regale: $2,50 \times 4,80 \cdot 9$ Regale $= 108$ m²
    Wegfläche: $223,72 - 108 = 115,72$ m²

21) $u = (84 + 57) \cdot 2 = 282$ m $- 6$ m Durchfahrt $= 276$ m
    276 m $: 3$ m $= 92$ Schilder

15.2. Quadrat (Seiten 91 - 92)

1) $(0,35$ m$)^2 \cdot 120$ Platten $= 14,7$ m²

2) $A = 5,2 \times 5,2 = 27,04$ m²; $\quad u = 5,2 \cdot 4 = 20,80$ m

3) $a = 2,32$ m $: 4 = 0,58$ m; $\quad A = 0,58 \times 0,58 = 0,3364 \approx 0,34$ m²

4) heller Teppich: $4,2^2 - 2,1^2 = 13,23$ m²
   dunkler Teppich: $6,3^2 - 13,23 = 26,46$ m²

5) $7,45^2 = 55,5025$ m² $\cdot 0,175$ kg $= 9.712... \approx 9,7$ kg

6) $a = \sqrt{1600} = 40$ m; Spielfläche: 34 m $\times 34$ m $= 1.156$ m²
   Wegfläche: $1.600 - 1156 = 444$ m²

7) a. $A = 625$ cm²; $\quad u = 100$ cm
   b. $A_{gesamt} = 625 \cdot 12$ Nutzen $= 7.500$ cm²
      $u_{gesamt} = 100 \cdot 12 = 1.200$ cm $= 12$ m
   c. Versch.: $85 \times 122 = 10.370$ cm² $- 7.500$ cm² $= 2.870$ cm²
      $= 27,675.. \approx 27,7$ %

8) a. $A = 69^2 = 4.761$ cm² $\cdot 15$ Hocker $= 71.415$ cm² $\approx 7,14$ m²
   b. $u = 4 \cdot 65$ cm $+ 2$ cm $= 262$ cm $\cdot 15$ Hocker $= 39,30$ m
      (Die Kordel reicht, es bleiben $10,70$ m übrig.)

9) a. 8 m $\times 3$ m $- 3 \cdot 2$ m $\times 2$ m $= 12$ m²
   b. $u = 4 \cdot 2$ m $= 8$ m/Fenster $\cdot 3$ Fenster $= 24$ m

10) $60^2 - 30^2 = 2.700$ cm² $\cdot 3$ Rahmen $= 8.100$ cm²

25

15.3. Parallelogramm (Seiten 94 - 95)

1) A = 65 cm x 25 cm = 1.625 cm²
   (Alle Parallelogramme haben die gleiche Grundlinie, die gleiche Höhe und damit auch den gleichen Flächeninhalt.)

2) A = 16,8 • 6,5 = 109,2 cm²

3) h = 2,35 m² : 2,80 m = 0,83928... ≈ 0,84 m

4) 5,75 • 2,90 = 16,675 m²

5) A = 91 • 176 = 16.016 m² ≈ 1,6 ha
   u = (130 + 176) • 2 = 612 m − 3 m (Einfahrt) = 609 m

6) (1,30 + 3,20 + 1,50) • 0,8 = 4,80 m²

7) Die Fläche ist keine 4 m². Es wurde mit einer „falschen" Höhe gerechnet.

15.4. Rhombus (Seite 97)

1) A = 1,70 • 1,32 = 2,244 m²
   u = 4 • 1,70 = 6,80 m

2) u = 4 • 95,5 = 382 cm + 2 cm = 3,84 m Borte

3) a = 0,945 m² : 0,90 m = 1,05 m
   u = 4 • 1,05 = 4,20 m

4) 0,40 • 0,38 = 0,152² • 5 Rauten = 0,76 m² • 12 Deko = 9,12 m²

5) 0,87 • 0,68 = 0,5916 m² + 10 % Verschnitt ≈ 0,651 m²

6) Raute: 0,30 • 0,24 = 0,072 m² • 4 = 0,288 m²
   Rechteck: 0,96 x 0,17 = 0,1632 m²
   Pfeil: 0,288 + 0,1632 = 0,4512 m²
   0,4512 m² • 2 Seiten =0,9024 m² • 4 Autos = 3,6096 m²
   3,6096 m² + 10 % Verschnitt = 3,97056 m² • 4,75 € ≈ 18,86 €

15.5. Trapez (Seiten 99 - 100)

1)

	a)	b)	c)	d)
a	6,7 cm	10 cm	4,20 m	8 dm
c	5,3 cm	6,8 cm	3,80 m	6 dm
h	5 cm	≈ 4,5 cm	6,50 m	6,4 dm
A	30 cm²	37,5 cm²	26 m²	44,8 dm²

2) a. A = 913,5 cm²   u = 122 cm
    b. A = 24 m²   u = 22,05 m

3) A = 648 cm²

4) A = 0,899 ≈ 0,9 m²   u ≈ 5,00 bis 5,20 m

5) A (pro Brett) = 0,36 m² • 4 = 1,44 m² • 32,80 € = 47,23 €

6) A = 0,651 m² • 6 = 3,906 ≈ 3,9 m²

7) Tischlerplatte: A =   5,33 m²
    Deko-Element: A =   1,89 m² • 2 = 3,78 m²
    Verschnitt: 5,33 m² - 3,78 m² = 1,55 m² = 29.08... ≈ 29,1 %

15.6. Dreieck (Seiten 102 - 104)

1) $A = \dfrac{a \bullet h_a}{2} = \dfrac{1{,}40 \bullet 0{,}90}{2} = 0{,}63 \text{ m}^2$ 2) A = 242 cm²

3) A = 0,6164 ≈ 0,62 m²   4) h = 5,4 cm

5) A = 130,2 m² + 27,3 m² = 157,5 m²   6) A = 7,68 m²

7) A = 0,0525 m² • 30 Wimp. = 1,575 m² • 110 Kett. = 173,23 m²
    u = 112,6 cm • 30 Wimpel = 3378 cm • 110 Ketten ≈ 3717 m

8) a. 12 Bäume : 3 Bäume/Platte = 4 Platten
    b. 2,07 m • 2,80 m = 5,796 m² • 4 Platt. • 11,90 € = 275,89 €
    c. 5,796 m² - 1,155 m² • 3 = 2,331 m² • 4 Platten
        = 9,324 m² Verschnitt = 40,2 %
    d. 1,155 m² • 2 Seiten = 2,31 m² • 12 Tannen = 27,72 m²

9) A = 661,5 cm • 3 = 1984,5 cm²   10)   33,33 %

11) 0,10626 + 0,165648 + 0,1101555 + 0,19332 + 0,13248
    = 0,7078635 m² ≈0,71 m²

Lehrsatz des Pythagoras (Seiten 105 - 106)

1) 11,00 m   2)   ≈ 2,68 m

3) a. ≈ 55,2 cm   b.   3.047,04 cm²

4) Seite ≈ 51 cm;   A ≈ 2.600 cm²

5) 2,30 m + 0.60 m =2,90 m

6) 1,20 m

15.7. Kreis (Seiten 108 - 109)

1)

	a)	b)	c)	d)
d	13,2 cm	4,20 m	20 dm	2,02 m
r	6,6 cm	2,10 m	10 dm	1,01m
A	136,85 cm²	13,85 m²	314,16 dm²	3,211 m²
u	41,47 cm	13,19 m	62,83 dm	635,2 cm

2) $A = 3{,}14$ m² $u = 6{,}28$ m $+ 0{,}02$ m $= 6{,}30$ m

3) $A = 22^2 \bullet \pi = 1.520{,}53$ cm² $\bullet$ 5 Hocker $= 7.602{,}65$ cm²

4) $A_{Platte} = 3.600$ cm²; $A_{Kreis} = 706{,}86 \bullet 4 = 2.827{,}44$ cm²
Verschnitt: 3.600 cm² - 2.827,44 cm² = 772,56 cm² = 21,46 %

5) 226,2 cm²

6) kleines Symbol: 5.026,55 cm² schwarz; 1.373,45 cm² weiß
großes Symbol: 1,767 m² schwarz; 0,483 m² weiß

7) $A_{Dreieck} = 1{,}732$ m²; $A_{Kreis} = 1{,}046$ m²;
blaue Fläche: 1,732 m² – 1,046 m² = 0,686 m²

8) $A_{Rechteck} = 203{,}03$ m²; $A_{Säule} = 0{,}442$ m² $\bullet 2 = 0{,}884$ m²;
zu streichende Fläche: 203,03 m² – 0,884 m² = 202,15 m²

15.8. Kreisring, -abschnitt, -ausschnitt (Seiten 110 - 111)

1) $A = (R^2 - r^2) \bullet \pi = (30^2 - 15^2) \bullet \pi = 2.120{,}58$ cm²

2) $d = \dfrac{b \bullet 360}{\pi \bullet \alpha} = \dfrac{188 \bullet 360}{\pi \bullet 24} = 897{,}6$ mm ;

$r = 897{,}6$ mm : 2 = 448,8 mm;

$A = \dfrac{b \bullet r}{2} = \dfrac{188 \bullet 448{,}8}{2} = 42.187{,}2$ mm² = 421,87 cm²

$u = 2 \bullet r + b = 2 \bullet 448{,}8 + 188 = 1.085{,}6$ mm $\approx$ 108,6 cm

3) großer weißer Kreis: A = 5.026,548 cm²
grauer Kreis: A = 2.827,433 cm²
kleiner weißer Kreis: A = 314,159 cm²
dunkler Anteil d. Signets: 2827,433 – 314,159 = 2.513,27 cm²
weißer Anteil d. Signets: 5026,548 – 2513,274 = 2.513,27 cm²

4) $A = (2{,}55^2 - 1{,}4^2) \bullet \pi = 14{,}271\,m^2 - 1{,}15\,m^2$ (Lücke) $= 13{,}121\,m^2$
    je Farbe: $13{,}121\,m^2 : 2 = 6{,}561\,m^2 \bullet 0{,}24\,kg = 1{,}575\,kg$

5) $1.717{,}666\,cm^2 \bullet 2 + 2.916\,cm^2 - 1.145{,}111\,cm^2 = 5.206{,}221$ cm^2

    $5.206{,}221 \bullet 3 = 15.6.18{,}663\,cm^2 = 1{,}562\,m^2$

6) $A \approx s \bullet \dfrac{2}{3} \bullet h = 1{,}20 \bullet \dfrac{2}{3} \bullet 0{,}42 = 0{,}336\,m^2$

    $A = \dfrac{r^2 \bullet \pi \bullet \alpha}{360} = \dfrac{33^2 \bullet \pi \bullet 20}{360} = 190{,}066 \bullet 7 = 1.330{,}5\,cm^2$

    $4690{,}5\,cm^2 : 623{,}7\,cm^2 = 7{,}52 \approx 8$ Blatt

    8 Blatt $\bullet\ 2{,}45\ € = 19{,}60\ €$

15.9. Ellipse (Seiten 113 - 114)

1) gr. Flügel: $A = (0{,}3 \bullet 0{,}2) \bullet \pi = 0{,}1885\,m^2 \bullet 2$ Flüg. $= 0{,}3770\,m^2$
         kl. Flügel:
    $A = (0{,}225 \bullet 0{,}15) \bullet \pi = 0{,}1060\,m^2 \bullet 2$ Flüg. $= 0{,}2120\,m^2$
    Rumpf: $A = (0{,}2 \bullet 0{,}075) \bullet \pi = 0{,}0471\,m^2$
    Kopf: $A = 0{,}055^2 \bullet \pi = 0{,}0095\,m^2$
    insgesamt: $(0{,}377 + 0{,}212 + 0{,}0471 + 0{,}0095) \bullet 24 \approx$
    $15{,}494\,m^2$

2) Körper: $A = (1{,}3 \bullet 0{,}925) \bullet \pi = 3{,}778\,m^2$
    Beine: $A = (0{,}34 \bullet 0{,}275) \bullet \pi = 0{,}294\,m^2 \bullet 4 = 1{,}176\,m^2$
    Kopf: $A = (0{,}7 \bullet 0{,}65) \bullet \pi = 1{,}429\,m^2$
    Maul: $A = (0{,}975 \bullet 0{,}535) \bullet \pi = 1{,}639\,m^2$
    Ohren: $A = 0{,}18^2 \bullet \pi = 0{,}102\,m^2 \bullet 2 = 0{,}204\,m^2$
    Schwanz: $A = (0{,}175 \bullet 0{,}11) \bullet \pi = 0{,}060\,m^2$
    insgesamt: $3{,}778 + 1{,}176 + 1{,}429 + 1{,}639 + 0{,}204 + 0{,}060$
          $\approx 8{,}29\,m^2$

3) $u = \left(\dfrac{2{,}60}{2} + \dfrac{1{,}15}{2} \right) \bullet \pi = 5{,}89\,m \bullet 10 = 58{,}90\,m$

    insgesamt: $58{,}90 + 2 \bullet 7{,}75 + 10{,}75 = 85{,}15\,m$

15.10. Zusammengesetzte Flächen (Seiten 115 - 118)

1) a. $A \approx 2{,}74 \ m^2$ b. $4{,}33 \ m^2$ c. $6{,}08 \ m$

2) $S = 6{,}1875 \ m^2$; $A = 6{,}75 \ m^2$; $L = 3{,}9375 \ m^2$; $E = 5{,}625 \ m^2$
    insgesamt: 22,5 m²

3) link. Segel: 570 cm²   recht. Segel: 513 cm²
    Mast: 120 cm²   Rumpf: 750 cm²
    insgesamt: 1.953 cm²

4) unteres Trapez: 852,5 cm²; mittleres Trapez: 2.295 cm²
    oberes Trapez: 1.488 cm²;   Spitze: 634,5 cm²
    insgesamt: 5270 cm² = 0,527 m²
    a. 12 Bäume : 3 Bäume/Platte = 4 Platten
        2,05 m x 2,60 m • 4 Platten • 30,90 €/m² = 658,79 €
        (Bei optimaler Ausnutzung können 6 Bäume aus einer
        Platte ausgesägt werden. 2 Platten kosten 329,39 €.)
    b. Platte = 5,33 m²
        Verschnitt bei 4 Platten: 14,996 m² = 70,34 %
        Verschnitt bei 2 Platten: 4,336 m² = 40,68 %
    c. 5.270 cm² • 2 Seiten • 12 Bäume = 126.480 cm²

5) untere Etage: 28,29 m² - 5,04 m² (2 Fenster) = 23,25 m²
    obere Etage: 16,80 m² - 2,10 m² (1 Fenster) = 14,70 m²
    Dach: = 4,34 m²
    insgesamt: 42,29 m²
    a. $\approx 7{,}62 \ l$ b. $\approx 12{,}03 \ l$

6) Rumpf: 0,9408 m²;   link. Aufbau: 0,1638 m²
    2 Schlote: 0,096 m²   recht. Aufbau mit Dach: 0,229 m²
    insgesamt: $\approx 1{,}43 \ m^2$ • 2 Seiten = 2,86 m²

7) 12 Dreiecke:

$$A = \frac{0{,}30 \bullet 0{,}26}{2} \bullet 12 = 0{,}468 \ m^2 \bullet 2 \ \text{Seit.} \bullet 30 \ \text{St.} = 28{,}08 \ m^2$$

    28,08 m² + 20 % = 33,696 m² • 1,59 € ≈ 53,58 €

8) 6 gleichseitige Dreiecke: 5,304 m² • 6 ≈ 31,83 m²
    6 Seiten: 0,525 m² • 6 = 3,15 m²
    insgesamt: 34,98 m² ≈ 35 m²

9) Tüte: Höhe = 110 cm;   A = 3.300 cm²
    Halbkugel: A = 1.413,7 cm²
    insgesamt: 4.713,7 cm²

16. Körper (Seiten 120 - 139)

16.1. Quader (Seiten 120 - 122)

1)

	a)	b)	c)	d)	e)
Länge a	30 cm	3,5 dm	1,60 m	0,35dm	65,8 cm
Breite b	20 cm	3,1 dm	1,10 m	120 cm	98 cm
Höhe c	15 cm	2,0 dm	0,80 m	5 dm	65,7 cm
Volumen	9 dm³	21,7 dm³	1,408 m³	21 hl	423,7 dm³
Oberfläche	27 dm²	48,1 dm²	7,84 m²	131,9 dm²	344,2 dm²

2) M = 34,02 m² • 6 Säulen = 204,12 m² • 0,36 l/m² ≈ 73,5 l

3) V = 68,25 m³ : 2,5 m³ = 27,3 ≈ 28 Lkw-Fahrten

4) Falzung üb. Länge:
21,5 • 21,5 • 61 = 28.197,25 cm² ≈ 28,2 dm³
Falzung üb. Breite: 1
5,25 • 15,25 • 86 = 20.000,38 cm³ ≈ 20 dm³

5) V = 336 m³ : 15 m³/Pers. = 22,4 ≈ 22 Personen

6) 12,40 m + 10 % = 13,64 m

7) V = 50 m³ = 500 hl : 1,5 hl/min = 333,33.. min
≈ 5 h 33 min

8) (0,018 + 0,75 + 0,018) • 4 • 4,50 = 14,148 m² je Säule
14,148 m² • 6 Säulen = 84,888 ≈ 84,9 m²

16.2. Würfel (Seiten 123 - 124)

1) V = 64.000 cm³ = 64 l; 500 l : 64 l = 7,8125 ≈ 8 Kartons

2) a. 27 dm³/Würfel • 3 Würfel = 81 dm³ Styropor
   b. 54 dm²/Würfel • 3 Würfel = 162 dm² Folie

3) a. Holzwürfel: 0,51 : 0,525 • 4,2 kg = 4,08 kg
      Styropor: 0,015 : 0,525 • 4,2 kg = 0,12 kg

   b. Volumen: 4.080 g : 0,51 g/cm³ = 8.000 cm³;
      Kantenlängen: $\sqrt[3]{8000 \text{ cm}^3}$ = 20 cm

4) 2,5 m² : 10 (beklebte) Seiten = 0,25 m²/Seite;
    $\sqrt{0,25\,m²}$ = 0,50m Kantenlänge; Volumen = 0,125 m³

5) Länge: 14 Stück; Breite: 4 Stück; Höhe: 4 Stück
    je Ladung: 14 • 4 • 4 = 224 Stück; damit 1 Fahrt

6) O_1 = 6 • 32² = 6.144 cm² ; O_2 = 18.150 cm²;
    O_3 = 36.504 cm²
    insgesamt: 60.798 cm² ≈ 6,08 m²

7) $V = \dfrac{2,88 \cdot 1\,m³}{45}$ = 0,064 m³ = 64.000 cm³;
    Kantenlängen: $\sqrt[3]{64000}$ = 40 cm

8) Würfelnetze = B, E, F, G, H, K, L

16.3. Prisma (Seiten 126 - 127)

1)

Dreieckseite (c)	64 cm	14 dm	10 cm	2,20 m
Höhe auf c (h_c)	55,43 cm	12,12 dm	8,66 cm	1,04 m
Prismenhöhe (h)	90 cm	30 dm	25 cm	2,50 m
Rauminhalt (V)	≈159,64 dm³	2.545,2 dm³	1.082,5 cm³	2,86 m³

2) Seiten: 5,6 m² • 2 = 11,20 m²; unten: 32 m²;
    oben: 32,49 m²; Rückseite: 5,60 m²;
    insgesamt:≈ 81,30 m²

3) V = 252.000 cm³ = 0,252 m³;   O = 2,42 m²

4) 24,513 m²/Zelt • 3 = 73,54 m²

5) V = 4,11 m³;   M + Deckfläche: 12,85 m²

16.4. Zylinder (Seite 129)

1) $M = 8,9535... \approx 9$ m²

2) $V = 0,6809...$ m³ ≈ 681 l

3) $d = 54$ cm; $\quad V = 114,511$ dm³; $\quad$ Gewicht $= 5,726$ kg

4) $V = 25.861,6$ cm³ $\approx 25,9$ l; $\qquad 5,3$ m² $\cdot 25 = 132,5$ m²
$132,5$ m² $\cdot 0,175$ l $= 23.1875$ l; $\quad$ Der Kleister reicht.

5) Unterteil: $3,255$ m²; $\quad$ Deckel: $2,199$ m²;
insgesamt: $5,454$ m²

6) $M = 12,755$ m²

16.5. Pyramide (Seite 131)

1) $O = \dfrac{4,80 \cdot 1,71}{2} + 1,20^2 = 5,544$ m²

2) $V = \dfrac{1}{3} \cdot 35 \cdot 20 \cdot 60 = 14.000$ cm³ $= 14$ dm³

3) $M = 8,96$ m²

4) $M = 0,65775 \approx 0,66$ m²/Pyramide $\cdot 3 = 1,98$ m²

5) a. $\quad M = 17,34$ m²; $\qquad$ b. $\quad V = 7,321$ m³

16.6. Pyramidenstumpf (Seiten 133 - 134)

1) $O = 1,50^2 + 1,00^2 + \dfrac{4+6}{2} \cdot 0,84 = 7,45$ m²

2) $M = 1\ 4,4$ m²

3) $V_{Quader} = 8.000$ cm³; $\qquad V_{Pyr.-Stumpf} = 6.860$ cm³
Abfall pro Standfuß: 1.140 cm² $\approx 14,3$ %

4) a. $\quad 90.653,33$ cm³ $\approx 90,653$ dm³ $\cdot 8 \approx 725,227$ dm³
b. $\quad 12.553$ cm² $\cdot 8 = 100.424$ cm² $\approx 10,04$ m²

33

16.7. Kegel (Seite 135)

1) a. $V = 36.007,8878$ cm³ ≈ 36.008 cm³ ≈ 36 dm³
    b. $O = 6.643,9435..$ cm² $+ 22\% \approx 8.105,6$ cm²

2) a. $M = 2.922,466 \approx 2.922,5$ cm²
    b. $V = 14.384,135... \approx 14.384$ cm³

3) $d = \sqrt{\dfrac{32 \cdot 3}{2 \cdot \pi}} \cdot 2 \approx 7,82$ m ; $u = 24,567 \approx 24,57$ m

16.8. Kegelstumpf (Seiten 137 - 138)

1) $M = \pi s \cdot (r_1 + r_2) = \pi \cdot 49,24 \cdot (40 + 20) = 9.281,5223..$ cm²
     $A = r^2 \cdot \pi = 20^2 \cdot \pi = 1.256,637...$ cm²
     insgesamt: $\approx 10.538,2$ cm²

2) $V = \dfrac{\pi \cdot h}{3} \cdot (r_1{}^2 + r_1 r_2 + r_2{}^2) = \dfrac{\pi \cdot 19}{3} \cdot (10,5^2 + 10,5 \cdot 9,5 + 9,5^2)$
     $= 5.974$ cm³ ≈ 6 l; 6 l $: 0,125$ l/m² $= 48$ m²

3) $V = 80.435,24...$ cm³ ≈ 80 l/Kübel
     80 l $\cdot 10$ Kübel $= 800$ l $: 25$ l/Sack $= 32$ Sack Blumenerde

4) $M = 5.525,2076..$ cm² + Boden $= 706,8583$ cm²
     insgesamt: $\approx 6.232,1$ cm² $\approx 0,623$ m²

5) $M = 5.460,84$ cm² $\approx 0,55$ m²

6) a. $V = 0,634$ m³ $\cdot 5$ Elemente $= 3,17$ m²
    b. $O = 4,377$ m² $\cdot 5$ Elemente $= 21,885$ m²
    c. 22 m² $: 1,40$ m $= 15,7 \approx 16$ lfd. m $\cdot 5,79$ € $= 92,64$ €

7) $V \approx 14,3$ l
     1 l reicht für 7 m²; $14,3$ l $\cdot 7$ m² $= 100,1$ m² ≈ 100 m²

16.9. Kugel (Seite 139)

1) $V \approx 7.238,2$ cm³; $O \approx 1.809,6$ cm²

2) $V \approx 91,95$ dm³ • 3 Kugeln = 275,85 dm³
    $O \approx 9.852$ cm² • 3 Kugeln = 29.556 cm²

3) $O = 314,2$ cm²
    $V = 523,6$ cm³;
    Gewicht: 523,6 cm³ • 0,80 g/cm³ • 8 Kugeln
    = 3.351,04 g $\approx$ 3,350 kg

4) bei 90 cm Durchmesser: $V = 381,7035...$ dm³
    davon minus $^1/_3$: 254,469 dm³

    $d = \sqrt[3]{\dfrac{254,469 \cdot 6}{\pi}} = 7,86$ dm = 78,6 cm

17. Zeichnerische Darstellungen (Seite 144)

1)

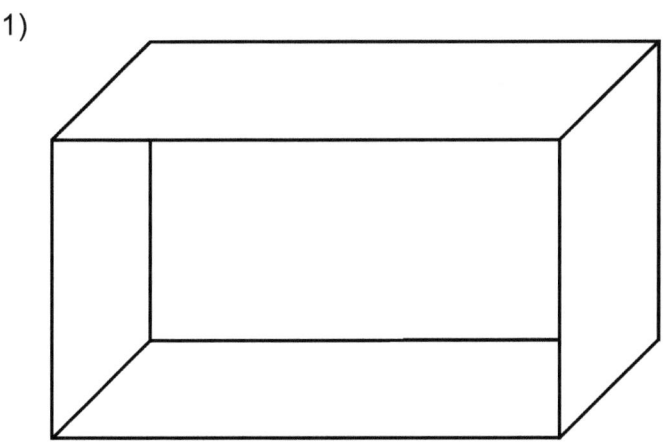

2)

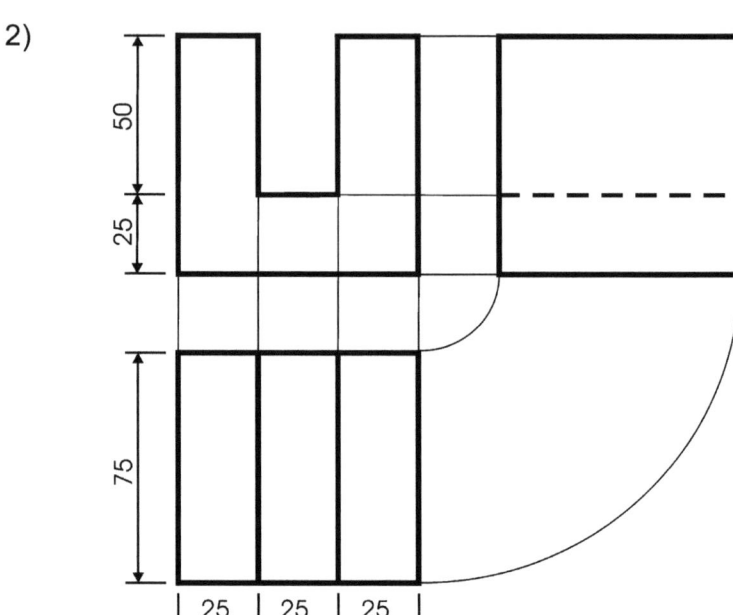

3)

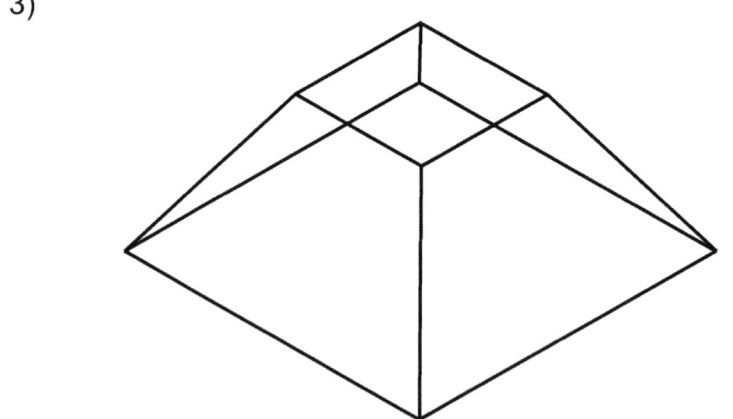

36

18. Material für Wandverkleidung (Seiten 148 - 153)

18.1. Tapeten als Wandverkleidung (Seiten 148 - 149)

1) a. Bahnlänge: 3,36 m   b. Anzahl der Bahnen: 19 Bahnen
    c. 3 Bahnen/Rolle   d. 7 Rollen Tapete

2) Bahnlänge: 2,05 m;   23 Bahnen;   4 Bahnen/Rolle
    Anzahl der benötigten Rollen: 6 Rollen

3) Bahnlänge: 2,30 m;   14 Bahnen/Nische • 5 = 70 Bahnen;
    4 Bahnen/Rolle;   Anzahl der benötigten Rollen: 18 Rollen

4) Bahnlänge: 2,97 m;   10 Bahnen;   3 Bahnen/Rolle
    Anzahl der benötigten Rollen: 4 Rollen

5) Bahnlänge: 3,60 m;   14 Bahnen/Fenster • 12 = 168 Bahnen;
    34 Bahnen/Rolle; Anzahl der benötigten Rollen: 5 Rollen
    5 Rollen • 30,95 € = 154,75 € - 12 % Rabatt = 136,19 €

6) Bahnlänge: 2,30 m;   20 Bahnen/Nische • 3 = 60 Bahnen;
    4 Bahnen/Rolle;   Anzahl der benötigten Rollen: 15 Rollen

7) a) 9 Bahnen   b) 3,19 m   c) 3 Rollen   d) 42 cm

18.2. Klebstoffverbrauch beim Tapezieren (Seite 150)

1) 7,4 l

2) ≈ 375 Rollen

3) Beim Mischungsverhältnis
    1:20 reicht 200-g-Packung für 25 m².
    500-g-Packung deshalb 62,5 m²;
    Großrolle: 125 m x 0,75 m = 93,75 m² • 10 Rollen = 937,5 m²
    937,5 m² : 62,5 m² = 15 Packungen Kleister

18.3. Textiler Stoff als Wandbespannung (Seiten 152 - 153)

1) (12 m + 4 m + 12 m) • 2,5 = 70 lfd. m Stoff
   2 Rollen á 30 m + 10 m Meterware.
   2 Rollen • 125,70 € = 251,40 €; 10 m • 4,49 € = 44,90 €
   insgesamt: 296,30 € + 19 % MwSt. = 352,60 €

2) a. Bahnlänge: 2,85 m;
   b. 7 Bahnen je Seitenwand und 9 Bahnen für die Rückwand
   c. 23 Bahnen • 2,85 m = 65,55 lfd. m
   d. 65,55 m • 7,69 € = 504,08 € (netto)

3) a. Bahnlänge: 4,70 m; Bahnen: je Seite 13 und hinten 17
      insgesamt: 43 Bahnen • 4,70 m = 202,10 lfd. m
   b. 29 m • 4,15 € + 173,10 m • 3,74 € = 767,74 €

4) Bahnlänge: 3,00 m;
   für Rückwand 1 Bahnen/Platte • 4 = 4 Bahnen   für
   Seitenwand $^1/_2$ Bahn/Platte • 4 Platten • 2 Seiten = 4 Bahnen
   8 Bahnen/Fenster • 12 = 96 Bahnen
   10 Bahnen/Ballen
   Benötigt werden 10 Ballen.

19. **Material Papier** (Seiten 156 - 158)

19.2. **Nutzenberechnung mit DIN-Formaten** (Seiten 156- 157)

1) 8 Nutzen A5   2) 8 Nutzen • 10 Bg. = 80 Nutzen A4

3) 4.800 Handzettel A5   4) 900 Postkarten

5) 4.000 A4 : 4 Nutzen/Bg. = 1.000 Bg A2

6) 500 Plakate : 8 Nutzen/Bg. = 62,5 Bg. ≈ 63 Bg. A0

7) 750 Bogen werden verarbeitet. Bleiben 250 Bogen übrig.

8) 200 Bg. • 4 = 800 Flyer; 3.000 – 800 = 2.200 Flyer fehlen noch;
2.200 Flyer : 8Nutzen/Bg. A2 = <u>275 Bg. A2</u>

9) 8 Karton A1

10) 28.800 Handzettel

11) 1.000 Bogen A1 sind erforderlich.

12) 157 Bogen A0

13) 750 Bogen werden verarbeitet. Bleiben 750 Bogen übrig.

14) 700 Bg. • 2 = 1.400 Handzettel;
4.000 – 1.400 = 2.600 Handzettel fehlen noch;
2.600 Handzettel : 8Nutzen/Bg. A1 = <u>325 Bg. A1</u>

19.3. **Masse von Papier** (Seiten 157 - 158)

1) 140 g/m² : 4 Nutzen A2 = 35 g/A2

2) 190 g/m² : 16 A4 = 11,875 g/A4 ≙ 1.000 A4 = 11,875 kg

3) 5 g/A4 • 3 Blatt + 3 g Umschlag =18 g

4) 1.500 A4 • 5 g + 250 g = 7.750 g = 7,75 kg

5) 1.000 Bg. A1 = 80 kg ≙ 1 Bg A1 = 80 g
A0 = 2 A1 ≙ A0 = 80 g • 2 = <u>160 g/m²</u>

6) 3 • 6 = 18 A1 ≙ 9 A0/Fläche; 110 g • 9 m² = 990 g/Fläche
990 g • 55 Flächen = 54.450 g = 54,45 kg

19.4. Papierstärke (Seite 158)

1) $\dfrac{250\ \text{g/m}^2}{1.000} = 0{,}25\ \text{mm} \bullet 1{,}2\text{faches Volumen} = \underline{\underline{0{,}3\ \text{mm}}}$

2) $0{,}22\ \text{mm} \bullet 1{,}5\ (\text{Volumen}) \bullet 500\ \text{Bg.} = 165\ \text{mm} = 16{,}5\ \text{cm}$

3) $0{,}198\ \text{mm} : 0{,}11\ \text{mm} = 1{,}8\ \text{faches Volumen}$

4) $\dfrac{342\text{mm}}{0{,}19\text{mm} \bullet 1{,}25} = 1.440\ \text{Bg.}$

5) $\dfrac{630\ \text{mm}}{3.000\ \text{Bg.}} = 0{,}21\text{mm} ; 0{,}21\ \text{mm} : 1{,}75 = 0{,}12\ \text{mm} \triangleq \underline{120\ \text{g/m}^2}$

20. Diagramme (Seiten 161 - 163)

1) Lösung d : Kreisdiagramm

Geschäftsfeld	Umsatzanteil in %
Messebau	25
Veranstaltungen	10
Visual Merchandising	45
Grafikdesign	20

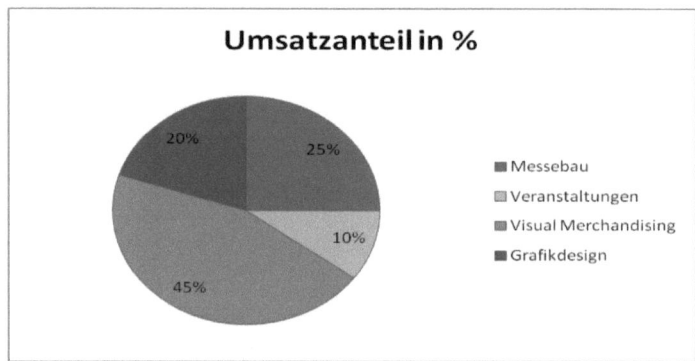

2) ablesbare und wahre Aussagen sind: a, d und e

3)   A = Balkendiagramm   B = Säulendiagramm
       C =Blasendiagramm   D = Punktdiagramm
       E = Ringdiagramm   F = Netzdiagramm
       G = Kreisdiagramm   H = Flächendiagramm
       I = Liniendiagramm

21.   Lohn und Gehalt (Seiten 169 - 172)

	Aufg. 1	Aufg. 2	Aufg. 3
Bruttolohn bzw. –gehalt	1.640,00	1.680,00	2.160,00
+ tarifliche Leistungen	40,00		
= Bruttolohn/-gehalt (ges.)	1.680,00	1.680,00	2.160,00
- Lohnsteuer	291,48	149,52	375,84
- Kirchensteuer	26,23		
- Solidaritätszuschlag	16,03	8,22	
- Sozialversg.-Beiträge		329,70	
Rentenversicherung	156,24		200,88
Arbeitslosenversg.	25,20		32,40
Krankenversicherung	141,12		181,44
Pflegeversicherung	21,42		27,54
= Nettolohn/-gehalt	1.002,28	1.192,56	1.341,90
- Bausparvertrag	40,00		
= Auszahlungsbetrag	962,28 €	1.192,56 €	1.341,90 €

4)   155,40 € • 12 Monate = 1.864,80 € plus
     93,24 € (für 1.110,00 € Weihnachtsgeld) = 1.958,04 €

6)   a. 1.144,02 €   b. ≈ 30,67 %   c. 153,45 €

5)   1.750,00 € - 278,34 € - 358,31 € = 1.113,35 € Nettoentgelt,
     das sind 63,62 % vom Bruttoentgelt

7)   a. 290,75 €   b. 21,66 €   d. 941,00 €
     c. 1.420,00 € (Bruttogesamt), davon 18,7 % : 2

8)   4 Gest. • 8 h/tgl. • 3 d • 25,00 € = 2.400,00 €
     2 Azubi • 8 h/tgl. • 3 d • 12,50 € =   600,00 €
                              insg.   3.000,00 €

9)   1.500,00 € + 2 % = 1.530,00 € + 3 % = 1.575,90 €

41

10) 157,92 € • 12 Monate + 221,09 € (für Url.-/Weihn.-Geld)
= **2.116,13 €** KV im Jahr

11) a. ≈ **40,39 %**   b. **167,40 €**

12) 35 h/Wo. : 5 d/Wo. = 7 h/tgl.
12 Überstd. + 50 % = 18 h
Std. insgesamt: 7h/tgl. • 21 d + 18 h = 165 h
1.633,50 € netto (bei 40 % Abzug) ≙ 2.722,50 € brutto
2.722,50 € :165 h = **16,50 €** Brutto-Stundenlohn

13)

Bruttolohn bzw. –gehalt	2.860,00
- Lohnsteuer	549,12
- Kirchensteuer	49,42
- Solidaritätszuschlag	30,20
- Sozialversg.-Beiträge	
Rentenversicherung	265,98
Arbeitslosenversg.	42,90
Krankenversicherung	240,24
Pflegeversicherung	43,62
= Nettolohn/-gehalt	1.638,52 €

a. **549,12 €**   b. **265,98 €**   c. **43,62 €**
d. **1.638,52 €**

22. GEMA-Gebühren & Künstlersozialabgaben (Seite 177)

1) abgabepflichtig   Bildrechte   500,00 €
                           Model   1.200,00 €
                           Reisekosten Model   120,00 €
                           gesamt   1.820,00 € (davon 4,2 %)
                           Künstlersozialabgabe: **76,44 €**

2) abgabepflichtig   Vorgespräche   400,00 €
                           Entwurf, Gestaltg...   2.850,00
                           gesamt   3.250,00 € (davon 4,2 %)
                           Künstlersozialabgabe: **136,50 €**

3) a. abgabepflichtig   Gage   1.200,00 €
                           Equipment   680,00 €
  -
                           gesamt   1.880,00 € (davon 4,2 %)
                           Künstlersozialabgabe: **78,96 €**

3) b. $\dfrac{2.300,00 \text{ € Kosten für Musik}}{200 \text{ geladene Gäste}} = 11,50$ € fiktives Entgelt

lt. Tabelle (400 m²; 10,- €): 306,56 € + 24,00 € • 2 = 354,56 €,
zzgl. 7 % USt = **379,38 €**

4) Tabelle (1.000 m²; 10,- €): 766,40 € + 60,00 € • 3 = 946,40 €,
zzgl. 7 % USt = **1.012,65 €**

23.1. Elektrische Leistung und Stromkosten (Seite 180)

1) 2000 Watt • 8 h • 5 d • 18,8 ct je kW/h = **15,04 €**

2) 60 Watt/Lampe Einsparung • 10 Lampen • 5 h • 254 d • 16,9 ct
jährliche Einsparung = **128,78 €**

3) a. **3.660 kW/h** monatlich
   b. **439,20 €**

4) a. (550 + 260 + 400 + 40 + 600) • 7,5 h • 21 d
   = **291,375 kW/h**

   b. **48,08 €**

5) **287,81 €**

6) **125 h**

23.2. Lichtstrom und Beleuchtungsstärke (Seiten 183 - 184)

1) Entsprechend der Lage des Schaufensters gehen wir von
einer Beleuchtungsstärke von ca. 1.000 lx aus.
1.000 lx • 12 m² = 12.000 lm;
12.000 lm : 1.000 lm/Lampe = **12 Lampen**

2) 1.200 lx • 16 m² = 19.200 lm
19.200 lm : 3.500 lm = 5,4857.... ≈ **6 Lampen**

3) Vitrine = 3 • 1.340 lm = 4.020 lm; 4.020 lm : 5 m² = **804 lx**

4) a. 800 lx • 18 m² = 14.400 lm
   14.400 lm : 4.800 lm = **3 Lampen/Fenster**
   b. 3 L. • 55 W • 11 h • 30 d • 12 Fenst. • 14,9 ct = **97,36 €**

5) Lösung d bringt die geforderte Helligkeit bei geringsten Kosten.

$\dfrac{\text{Lumen}}{\text{Watt}} = \dfrac{440 \text{ lm}}{4 \text{ W}} = 110$ lm/W; (b = 60 lm/W; c = 16 lm/W; a = 13,6 lm/W)

außerdem mit 52 W/h der geringste Stromverbrauch

43

6) Lösung e

7) 600 lx • 18 m² = 10.800 lm
10.800 lm : 440 lm/LED = 24,545 LED ≈ **25 LED**

8) Lux ist das Verhältnis von Lumen zur Fläche (m²)
Wenn Lichtstrom (lm) und Beleuchtungsstärke (lx) gleich-
große Werte sind, beträgt die auszuleuchtende Fläche
immer 1 m².

24. Videowall (Seite 186)

1) Fläche der Videowand: ≈ 15,72 m²

$$\text{Diagonale} = \sqrt{48^2 + 25^2} \approx 54,12 \text{ m}$$

empfohlene Größe = 54,12 : 5 ≙ 10,82 m²
optimale Größe = 54,12 : 3,5 ≙ **15,46 m²**, also **optimal!**

2) Diagonale der Halle ≈ 105,5 m
105,5 : 3,5 ≙ 30,13 m² Videofläche
30,13 m² : 10 m = **3,01 m Höhe**

3) 104 m² • 3,5 = 364 m Diagonale

$$\text{Platzbreite} = \sqrt{364^2 - 300^2} = \textbf{206,15 m} \text{ (Lösung c)}$$

25.1. Bezugskalkulation (Seiten 189 - 191)

1)

(Angaben in EUR)	Lieferant A	Lieferant B
Einkaufspreis (Listenpreis)	389,00	442,00
– Liefererrabatt	70,02	132,60
= Zieleinkaufspreis	318,98	309,40
– Liefererskonto	12,76	6,19
= Bareinkaufspreis	306,22	303,21
+ Bezugskosten	27,90	24,90
= Einstandspreis	334,12	328,11

2)

Einkaufspreis (Listenpreis)	818,00
– Liefererrabatt	122,70
= Zieleinkaufspreis	695,30
– Liefererskonto	13,91
= Bareinkaufspreis	681,39
+ Bezugskosten	20,00
= Einstandspreis	701,39

3)

	Angebot A	Angebot B	Angebot C
Listenpreis	580,00	610,00	590,00
Rabatt	46,40	54,90	44,25
Skonto	8,00		10,92
Bezugskosten	12,00		7,00
Einstandspreis	537,60	555,10	541,83

4) Mietdauer: 5 $\frac{1}{2}$ h; 15 + 4,50 + 3,50 +2,75 + 3 • 2,25 = 32,50 €

5)

	Lieferant A	Lieferant B	Lieferant C
Listeneinkaufspreis	699,00	650,00	670,00
- Liefererrabatt	153,78	130,00	100,50
Zieleinkaufspreis	545,22	520,00	569,50
- Liefererskonto	10,90		17,09
Bareinkaufspreis	534,32	520,00	552,41
+ Fracht	40,00	45,00	20,00
+ Verpackung	20,00		30,00
+ Versicherung	20,00	40,00	15,00
Einstandspreis (ges.)	614,32	605,00	617,41
Einstandspreis (Stck.)	≈6,14	6,05	≈ 6,17

6) 540,00 € (Listenpr.) - 97,20 € (L.-Rabatt)
= 442,80 € (Zieleinkauf)
442,80 € - 11,07 € (L.-Skonto)
= 431,73 € (Bareinkauf) + 25,50 € (Bezug)
= 457,23 € (Einstandspreis)

45

7)   Lieferer A: 237,79 € (LP) - 11,89 € (Rab.) + 24,00 € (Bez.-K.)
     = 249,90 € (Bezugspreis)
     Lieferer B: 282,94 € (LP) - 42,44 € (Rab.)
     = 240,50 € (Bez.-Preis)

8)   14,5 m² • 2 Seiten • 15 Tafeln • 0,2 l = 87 l : 12,5 l = 6,96
     ≈ 7 Gebinde • 35,00 € = 245,00 € (Listenpreis)
     245,00 € - 36,75 € (L.-Rab.) = 208,25 € - 6,25 € (L.-Skonto)
     = 202,00 € (Bezugspreis)

25.2. Zuschlagskalkulation (Seiten 192 - 195)

1)

Fertigungsmaterial		1.500,00
+ Materialgemeinkosten	10%	150,00
= Materialkosten		1.650,00
+ Fertigungseinzelkosten		625,00
= Fertigungsgemeinkosten	95%	593,75
= Fertigungskosten		1.218,75
= Herstellkosten (MK + FK)		2.868,75
+ Verwaltungsgemeinkosten	20%	573,75
+ Vertriebsgemeinkosten	5%	143,44
= Selbstkosten		3.585,94

2)   Summe d. Kosten = 440.000 € + 70.000 € (geplanter) Gewinn
     = 510.000,- € Rohertrag (= 40 % vom Umsatz)
     Umsatz = 1.785.000,- €

3)   Selbstkosten: Unternehmerlohn: 7.500,00 €
                     3 Mitarbeiter je 1.800,- €   5.400,00 €
                     Verwaltungs-, Betriebskosten   8.400,00 €
                     Miete: 110 m² • 40,- €   4.400,00 €
                     beabsichtigter Gewinn: 5.000,00 €
                                                        30.700,00 €

     Bei einem Kalkulationszuschlag von 100 % wäre ein
     monatlicher Mindestumsatz von 61.400,- € erforderlich.
     Eine Reduzierung der Mietkosten (max. 75 - 85 m²) ist
     dringend notwendig.

4) Stoff: 3,20 m • 8 Bahnen = 25,6 lfd. m • 9,90 € = 253,44 €
 Leisten: 64 m + 10 % = 70,40 m : 2,40 m/Leiste
   = 29,333... Leisten ≈ 30 Leisten • 1,31 € = 39,30 €
 Kleinmaterial: = 24,95 €
 Materialkosten: 253,44 € + 39,30 € + 24,95 € = 317,69 €
 Lohnkosten: Geselle 12 h • 21,50 € = 258,00 €
    Azubi 12 h • 7,40 € = 88,80 €
 Lohnkosten (insgesamt): = 346,80 €

			Vorkalkulation
Fertigungsmaterial			317,69 €
+ Materialgemeinkosten	v.H.	23%	73,07 €
= Materialkosten (MK)			390,76 €
+ Fertigungseinzelkosten			346,80 €
= Fertigungsgemeinkosten	v.H.	165%	572,22 €
= Fertigungskosten (FK)			919,02 €
= Herstellkosten (MK + FK)			1.309,78 €
+ Verwaltungsgemeinkosten	v.H.	18%	235,76 €
= Selbstkosten			1.545,54 €
+ Gewinnzuschlag	v.H.	10%	154,55 €
= Barverkaufspreis			1.700,09 €
+ Kundenskonto	i.H.	4%	70,84 €
= Angebotspreis (netto)			1.770,93 €
+ Umsatzsteuer	v.H.	19%	336,48 €
= Bruttokosten			2.107,41 €

47

5) Materialkosten:

Dekorationsstoff	85 m • 4,29 €	= 364,65 €
Holzleisten	60 m • 0,92 €	= 55,20 €
Borte	33 m • 1,35 €	= 44,55 €
Kleinmaterial		= 27,00 €
Bodenbelag	22 m² • 22,10 €	= 486,20 €
Übergangsschienen	6 m • 12,40 €	= 74,40 €
Klebeband	2 Rollen • 4,20 €	= 8,40 €
Sockelleistenband	1 Rolle	= 7,55 €
Sockelleisten	14 m • 4,69 €	= 62,66 €

Leihgebühren:

Pult	1 Stück	= 140,00 €
Sessel	4 Stück • 24,00 €	= 96,00 €
Tisch	1 Stück	= 32,00 €
Prospektständer	2 Stück • 42,00 €	= 84,00 €
Garderobenständer	1 Stück	= 20,00 €
Halogenfluter	3 Stück • 32,00 €	= 96,00 €
Stromanschluss		= 138,00 €
Wasseranschluss		= 370,00 €

Materialkosten (insgesamt): 2.106,61 €

Lohnkosten:

Wände:	2 Mitarb. • 12 h • 23,60 €			= 566,40 €
Boden:	Geselle	4 h • 21,40 €		= 85,60 €
	Azubi	4 h • 7,40 €		= 29,60 €
Standbau:	Meister	4 h • 34,60 €		= 138,40 €
	Geselle	6 h • 21,40 €		= 128,40 €
	Azubi	4 h • 7,40 €		= 29,60 €
vorbereitendes Gespräch, Entwurf etc.				= 500,00 €

Lohnkosten (insgesamt): 1.478,00 €

			Vorkalkulation
Materialkosten (MK)			2.106,61 €
Fertigungskosten (FK)			1.478,00 €
= Herstellkosten (MK + FK)			3.584,61 €
+ Betriebsgemeinkosten	v.H.	65%	2.330,00 €
= Selbstkosten			5.914,61 €
+ Gewinn und Risiko	v.H.	15%	887,19 €
= Angebotspreis (netto)			6.801,80 €
+ Umsatzsteuer	v.H.	19%	1.292,34 €

6)   85 % = 748,00 € Zieleinkaufspreis
      100 % = 880,00 € Listeneinkaufspreis
      880,00 € : 10 Stoffballen = <u>88,00 €/Ballen</u>

7)   16,00 € • 40 Platten = 640,00 €
      640,00 € - 15 % Rabatt = 544,00 €
      544,00 € - 3 % Skonto = 527,68 €
      527,68 € + 40 • 0,75 € Bezugskosten = <u>557,68 €</u>

8)   Angebot A: 458,64 €   (günstigerer Bareinkaufspreis)
      Angebot B: 480,15 €

9)   Lösung c

26.1. Darlehen (Seiten 199 - 202)

1)

Jahr	Darlehen	Zinsen (€)	Tilgung (€)	Gesamt (€)
1	12.000,00	840,00	2.000,00	2.840,00
2	10.000,00	700,00	2.000,00	2.700,00
3	8.000,00	560,00	2.000,00	2.560,00
4	6.000,00	420,00	2.000,00	2.420,00
5	4.000,00	280,00	2.000,00	2.280,00
6	2.000,00	140,00	2.000,00	2.140,00
	Gesamtbelastung (Darlehen + Zinsen):			**14.940,00**

2)

Jahr	Darlehen	Zinsen (€)	Tilgung (€)	Gesamt (€)
1	16.800,00	1.092,00	2.100,00	3.192,00
2	14.700,00	955,50	2.100,00	3.055,50
3	12.600,00	819,00	2.100,00	2.919,00
4	10.500,00	682,50	2.100,00	2.782,50
5	8.400,00	546,00	2.100,00	2.646,00
6	6.300,00	409,50	2.100,00	2.509,50
7	4.200,00	273,00	2.100,00	2.373,00
8	2.100,00	136,50	2.100,00	2.236,50
	Gesamtbelastung (Darlehen + Zinsen):			**21.714,00**

3) a. Auszahlungsbetrag: Darlehensbetrag   65.000,00 €
          − 4 % Disagio   2.600,00 €
          − 2,4 % Bearbeitung   1.560,00 €
                               60.840,00 €

    b. Kreditkosten: Zinsen   19.500,00 €
                  + 4 % Disagio   2.600,00 €
                  + 2,4 % Bearbeitung   1.560,00 €
                               23.660,00 €

4) Auszahlungsbetrag:

	Bank A	**Bank B**
Darlehensbetrag	60.000,00 €	60.000,00 €
− Disagio	1.200,00 €	1.800,00 €
− Provision	1.020,00 €	0,00 €
− Bearbeitung	35,00 €	1.200,00 €
	57.745,00 €	57.000,00 €
Kreditkosten:		
Zinsen	5.400,00 €	5.100,00 €
+ Disagio	1.200,00 €	1.800,00 €
+ Provision	1.020,00 €	0,00 €
+ Bearbeitung	35,00 €	1.200,00 €
	7.655,00 €	8.100,00 €

Bank A, mehr Auszahlung und geringere Kosten.

5) $Z = \dfrac{3.196,01\,€ \; \bullet \; 80\,\text{Tage} \; \bullet \; 13,0\,\%}{100 \; \bullet \; 360} = 92,33\,€$

     253,49 € Skonto - 92,33 € Zinsen = 161,16 € Gewinn

6) $Z = \dfrac{32.295,62\,€ \; \bullet \; 46\,\text{Tage} \; \bullet \; 7,5\,\%}{100 \; \bullet \; 360} = 309,50\,€$

     828,09 € Skonto - 309,50 € Zinsen = 518,59 € Gewinn

7)   a. 238,00 €   b. 11.662,00 €

      c. 58,31 €   d) 179,69 €

26.2. Leasing (Seiten 205 - 207)

1. Leasingangebot
Abschlussgebühr = 2.100,00 €
Raten: 300 € • 12 Mon. • 7 Jahre = 25.200,00 €
Leasing-Gesamtbelastung = **27.300,00 €**

Kreditangebot

Jahr	Darlehen	Zinsen (€)	Tilgung (€)	Gesamt (€)
1	21.000,00	1.260,00	3.000,00	4.260,00
2	18.000,00	1.080,00	3.000,00	4.080,00
3	15.000,00	900,00	3.000,00	3.900,00
4	12.000,00	720,00	3.000,00	3.720,00
5	9.000,00	540,00	3.000,00	3.540,00
6	6.000,00	360,00	3.000,00	3.360,00
7	3.000,00	180,00	3.000,00	3.180,00
	Gesamtbelastung (Darlehen + Zinsen):			**26.040,00**

Die Gesamtbelastung beim Kredit ist 1.260,- € günstiger, was
im Vergleich mit einem Leasingangebot nicht immer ausschlag-
gebend sein muss. Da es ist sich um Möbel handelt, die keine
jährlich und kostenaufwendige Wartung benötigen, fällt die
Entscheidung (vermutlich) für den Kreditkauf. Hinzu kommt,
dass man als Eigentümer sicherlich eine längere Nutzungszeit
als 7 Jahre anstrebt.

2. Leasing-Gesamtbelastung: 70.000 € • 4 = 280.000,- €

Kreditzahlung

Jahr	Darlehen	Zinsen (€)	Tilgung (€)	Gesamt (€)
1	150.000,00	12.000,00	37.500,00	49.500,00
2	112.500,00	9.000,00	37.500,00	46.500,00
3	75.000,00	6.000,00	37.500,00	43.500,00
4	37.500,00	3.000,00	37.500,00	40.500,00
	Gesamtbelastung (Darlehen + Zinsen):			**180,000,00**

Betriebskosten: 2,100,- € • 12 Mon. • 4 Jahre =   100.800 €
Wartungskosten: 1.600,- € • 4 =   64.000 €
                                    344.800 €

Die Entscheidung kann nur Leasing sein. Vergleiche mit den
Gesamtkosten bei Kreditkauf.

51

3. Leasing: 8.250,00 € Abschlussgebühr + 4 Raten je 20.000,00 €
    + 13.000,00 € Restwertkauf = **101.250,00 €**

Kreditzahlung

Jahr	Darlehen	Zinsen (€)	Tilgung (€)	Gesamt (€)
1	82.500,00	5.775,00	16.500,00	22.275,00
2	66.000,00	4.620,00	16.500,00	21.120,00
3	49.500,00	3.465,00	16.500,00	19.965,00
4	33.000,00	2.310,00	16.500,00	18.810,00
5	16.500,00	1.155,00	16.500,00	17.655,00
	Gesamtbelastung (Darlehen + Zinsen):			**99.825,00**

4. Leasing:
    840,00 € • 12 Mon. • 4 Jahre + 10.000 € Restwertkauf
    = **50.320,00 €**

Kreditzahlung

Jahr	Darlehen	Zinsen (€)	Tilgung (€)	Gesamt (€)
1	40.000,00	3.200,00	10.000,00	13.200,00
2	30.000,00	2.400,00	10.000,00	12.400,00
3	20.000,00	1.600,00	10.000,00	11.600,00
4	10.000,00	800,00	10.000,00	10.800,00
	Gesamtbelastung (Darlehen + Zinsen):			**48,000,00**

5.a. Kreditzahlung

Jahr	Darlehen	Zinsen (€)	Tilgung (€)	Gesamt (€)
1	5.000,00	500.00	1.000,00	1.500,00
2	4.000,00	400.00	1.000,00	1.400,00
3	3.000,00	300.00	1.000,00	1.300,00
4	2.000,00	200.00	1.000,00	1.200,00
5	1.000,00	100.00	1.000,00	1.100,00
	Gesamtbelastung (Darlehen + Zinsen):			**6.500,00**

b. Leasing: 115,00 € • 12 Mon. • 5 Jahre = **6.900,00 €**

27.   Komplexe Aufgaben (208 - 220)

1) a. 4 Rundungen zusammen = d • π = 10 cm • 3,14 = 31,4 cm
(60 cm + 100 cm) • 2 = 320 cm
320 cm + 31,4 cm = **351,4 cm**

   b. äußere Fläche = 70 cm • 110 cm = 7.700 cm² - 21,5 cm²
= 7.678,5 cm²
innere Fläche 66 cm • 106 cm = 6.996 cm² - 7,74 cm²
= 6.988,26 cm²
7.678,5 cm² -6.988,26 cm² = 690,24 cm² • 2 = **1.380,48 cm²**

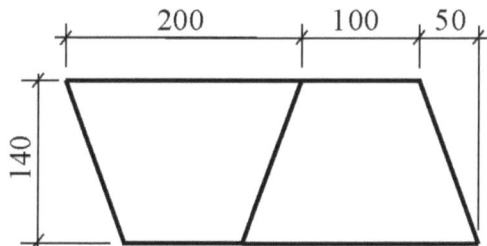

2)   Länge = **3,50 m**

3)   0,6 m • 0,3 m • 4 Seiten + 0,6 m • 0,6 m =1,08 m² • 20 Pod.
= **21,6 m²**

4)   unterer Quader (Mantel) = 70 • 38 = 2.660 • 4 = 10.640 cm²
(Deckfläche) = 70 • 70 = 4.900 cm²

   oberer Quader (Mantel) = 40 • 38 = 1.520 • 4 = 6.080 cm²
(Deckfläche) = 40 • 40 = 1.600 cm²

   insgesamt = 10.640 + 4.900 + 6.080 + 1.600 = 23.220 cm²
= **2,322 m²**

5)   0,1596 m²/Seite •3 Seiten • 25 Pyramiden = 11,97 m²
11,97 m² : 4 m² • 300 ml = 897,75 ml = **0,898 Liter** ≙ **1Büchse**

6)   41,80 € • 10 Plakate A0 + 16,70 € • 15 Plakate A1 = 666,50 €
(666,50 € + 9,90 € Versand) + 19 % MwSt = **804,92 €**

7)

	Miete/Tag	Rabatt-Menge
		ab 50 Teile = 10 %
Verkaufsschütte	2,90 € •	4 Stck • 6 Fil. • 14 d = 974,40 €
Ständer	3,20 € •	3 Stck • 6 Fil. • 14 d = 806,40 €
Pult	4,00 € •	2 Stck • 6 Fil. • 14 d = 672,00 €
Multifunktionssäule	3,00 € •	3 Stck • 6 Fil. • 14 d = 756,00 €
	Netto	3.208,80 €
minus 10 % Mengenrabatt		**2.887,92 €**

8)   15 Filialen • 15 Quader • 55 min = 12.375 min
        15 Filialen • 2 Friese • 6 m • 24 min = 4.320 min
        insgesamt = 16.695 min = **278 h 15 min**

9)   Mietdauer = 9 h 30 min
        14,00 € + 12,00 € + 8 h • 10,00 € = **106,00 €**

10)   1,529 m • 2,05 m = 3,13445 m² • 20 Platt. = 61,689 m² • 34,- €
        = 2.131,43 € - 10 % Mengenrabatt = 1.918,28 € - 3 % Skonto
        = **1.860,73 €** + 24,- € Bez.-Kosten = **1.884,73 €**

11)   2,80 m • 2,07 m = 5,796 m² • 5 Pl. = 28,98 m² • 29,20 €
        = 846,216 € ≈ 846,22 € + 19 % MwSt = **1.007,00 €**

12) a. Das ausgefüllte Formular ist auf der nächsten Seite abgebildet.
        (Hinweis:
        Formulare, die in IHK-Prüfungsaufgaben vorkommen, immer
        ausfüllen! Wenn keine konkreten Daten vorgegeben sind,
        dann eventuell auch fiktive Namen, Adressen etc. eintragen. -
        Sonst kann Punktabzug drohen!)

    b. Kopfstand; 48 m² • 64 € = 3.072,00 €
        3.072,00 € + 160,00 € Aussteller-Media-Paket + 15,00 € Haft-
        pflichtversicherung = **3.247,00 €**

Aussteller	creativ media GmbH
Straße	Musterstr. 123
PLZ, Ort	09876 A-Hausen
Telefon	0170 46576910
Telefax	0170 46576912
Mobil	
E-Mail	kontakt@media.de

**10. - 11.
Januar
2019**

☐ Letzte Messeteilnahme war im

_____
(Monat / Jahr)

 Ich habe noch nie teilgenommen.

Anmeldeformular   Anmeldeschluss: 01.August 2018

Hiermit melden wir uns verbindlich auf der Grundlage der Teilnahme- und Zahlungsbedingungen zur VisMa an.

Stand-Art:		Preis EUR/m²	Tiefe	x	Front- breite	=	Fläche	
Reihenstand	1 Seite frei; mind. 9 m²	49,00	T 5 m	x B	m	= gesamt		m²
Eckstand	2 Seiten frei; mind. 12 m²	59,00	T 5 m	x B	m	= gesamt		m²
Kopfstand	3 Seiten frei; mind. 20 m²	64,00	T 6 m	x B 8	m	= gesamt	48	m²
Inselstand	4 Seiten frei; mind. 40 m²	69,00	T m	x B 8	m	= gesamt		m²

Obligatorische Gebühren

Aussteller-Media-Paket (Eintragung und Logo im Messekatalog, Firmengutscheine)	160,00 EUR
Haftpflichtversicherung	15,00 EUR

Die Richtigkeit und Vollständigkeit aller Angaben wird versichert.

Die „Allgemeinen Teilnahmebedingungen" werden anerkannt.

E-Stadt, 30.05.17   *Max Mustermann*

_____   _____
Ort, Datum   Unterschrift

13) a. **Angebot A**: 5,70 € • 20 m = 114,- € - 5 % Rabatt = 108,30 €
- 3 % Skonto = **105,05 €**
(Angebot A ist günstiger als Angebot B.)

   Angebot B: 5,30 € • 20 m = 106,- € - 7 % Rabatt = 98,58 €
- 3 % Skonto = 95,62 € + 30,- € Versandpauschale =**125,62 €**

b.

Materialkosten	insgesamt	250,00 €
+ Folienplott	insgesamt	600,00 €
+ Entwürfe	5 L-Wg. • 150,- €	750,00 €
+ Lohnkosten	35 h • 35,- €	1.225,00 €
= **Herstellkosten**		2.825,00 €
+ Gemeinkosten	40 %	1.130,00 €
= **Selbstkosten**		3.955,00 €
+ Gewinnzuschlag	18 %	711,90 €
= **Angebotspreis (netto)**		**4.666,90 €**

14) a. Rechteck = 1,2 m • 0,6 m = 0,72 m²

   Dreiecke = $\dfrac{0,4 • 0,4}{2}$ = 0,08 m² • 2 Dreiecke = 0,16 m²

   Viertelkreis = 0,04 m² - 0,0314 m² = 0,0086 M² • 2 = 0,0172 m²

   Rechteck - 2 Dreiecke - 2 Abrundungsverschnitte

   Deckfläche = 0,72 m² - 0,16 m² - 0,0172 m² = **0,5428 m²**

b. u = 2 • 0,56 m + 0,4 m + 0,8 m + 0,628 m = 2,948 m

   Mantelfläche = u • h = 2,948 m • 0,3 m = **0,8844 m²**

c. (0,5428 + 0,8844) • 2 = 2,8544 m² Flä. • 120 ml = 342,528 ml
   ≈ 0,343 Liter; auf volle Liter (auf-) gerundet: **1 Liter**

15) a. I.   = Position Nr. 6
   II. = Position Nr. 4
   III. = Position Nr. 7
   IV. = Position Nr. 2
   V.   = Position Nr. 3
   VI. = Position Nr. 5
   VII. = Position Nr. 1

15) b. Besprechungstisch:
$0,45 \cdot 0,45 + 0,45 \cdot 1,10 \cdot 4$ Seiten $= 2,1825 \cdot 3$ Tisch
$= 6,5475 \approx 6,55$ m²

Podest: $2,70 \cdot 2,70 + 2,70 \cdot 0,30 \cdot 4$ Seiten $= 10,53$ m²

Torbogen:
$3,00 \cdot 3,60 = 10,8 \cdot 2$ (vo. u. hin.) $= 21,6$ m²
$0,90 \cdot 2,40 \cdot 2$ Seiten $+ 0,90 \cdot 2,70 = 6,75$ m²
$0,90 \cdot 3,00 \cdot 2$ Seiten $= 5,40$ m²

alle Teile insgesamt: $6,55 + 10,53 + 21,6 + 6,75 + 5,40$
$= \mathbf{50,83}$ **m²**

15) c. $50,83 \cdot 11,05 = 561,67 + 42\% = 797,57353 \approx \mathbf{797,57}$ **€**

15) d. $0,90 \cdot 2,10 \cdot 2 + 0,90 \cdot 2,70 + 0,45 \cdot 0,45 \cdot 3 = 6,8175$
$\approx \mathbf{6,82}$ **m²**

15) e. $4,50 \cdot 3,60 = 16,2$ m² $\cdot 1.000$ lux $= 16.200$ lm
16.200 lm : 550 lm $= 29,45.... \triangleq \mathbf{30}$ **LED-Strahler**

15) f. Die Farbtemperatur einer LED-Leuchte wird in Kelvin ge-
messen. 2700 K ist ein warmweißes Licht und erzeugt eine
behagliche, gemütliche Atmosphäre. Es ist vergleichbar mit
Glühlampenlicht.

16) a. Seitenhöhe: $\sqrt{0,30^2 + 1,00^2} = 1,044 \approx 1,05$ m

$1,05 \cdot 0,80 = 0,84$ m² $\cdot 2$ Seiten $\cdot 8$ Aufsteller $= \mathbf{13,44}$ **m²**

16) b.

Fertigungsmaterial		721,20 €
+ Materialgemeinkosten	20 %	144,24 €
= Materialkosten		865,44 €
+ Fertigungslohn		280,00 €
+ Fertigungsgemeinkosten	147 %	411,60 €
= Fertigungskosten		691,60 €
= Herstellkosten		1.557,04 €
+ Verwaltungsgemeinkosten	14 %	**217,99 €**
+ Vertriebsgemeinkosten	6,9 %	**107,44 €**
= Selbstkosten		**1.882,47 €**

17) $1.000 + 4.000 + 7.000 = 12.000\ €\ \hat{=}\ {}^3/_4$ der Erhöhung
${}^4/_4$ sind gesamte Erhöhung des Etats = 16.000,- €

18) $12.560,00\ € + 8\ \% = 13.564,80\ €$ Selbstkosten
$13.564,80\ € + 20\ \% = 16.277,76\ €$ Barverkaufspreis
$16.277,76\ € + 19\ \% = \mathbf{19.370,53\ €\ Angebot}$ (einschl. MwSt)

19) a.

Übergabe der Druckdaten an die Poster-Druckerei	14.02.2018
Anlieferung der Druckdaten an die Giant-Card-Druckerei	22,02,2018
Anlieferung der CL-Poster bei der Agentur	20.02.2018
Anlieferung der Giant-Cards beim Zeitungsverlag	01.03.2018

19) b.

CL-Poster-Druck	632,00 + 19 %	752,08
Giant-Cards-Druck	(458 + 4 • 20,10) + 19 %	652,60
Einsatz der CL-Poster	23,00 € • 20 Po.•7 d+19%	3.831,80
Streuung Giant-Cards	85,00 € • 24+19 %	2.427,60
	Gesamtkosten (in EUR)	**7.664,08**

20)

Abmessungen in mm	Anzahl
500 x 500	0
500 x 800	**4**
500 x 1.000	0
500 x 1.200	**6**
800 x 1.000	0
800 x 1.200	**6**
1.000 x 1.200	0
1.000 x 2.000	0
1.000 x 2.500	0

21)   9:24 Uhr bis 20:12 Uhr = 10 h 48 min
       10 h 48 min • 26 d = 280 h 48 min = 280,8 h

Lampen
17 • 100 W/h + 9 • 50 W/h + 6 • 60 W/h = 2,51 kW/h
2,51 kW/h • 280,8 h • 0,25 € = 176,20 €

LEDs
17 • 18 W/h + 9 • 8 W/h + 6 • 10 W/h = 0,438 kW/h
0,438 kW/h • 280,8 h • 0,25 € = 30,75 €

Kosteneinsparung = **145,45 €/Monat**